U0872090

专用于国家职业技能鉴定

国家职业资格培训教程

核设备无损检测工

磁粉检测

中国核工业集团有限公司人力资源部
中国核能电力股份有限公司 组织编写

中国原子能出版社

图书在版编目(CIP)数据

核设备无损检测工. 磁粉检测 / 中国核工业集团有限公司人力资源部,中国核能电力股份有限公司组织编写. —北京:中国原子能出版社,2021.3
国家职业资格培训教程
ISBN 978-7-5221-1297-8

Ⅰ. ①核… Ⅱ. ①中…②中… Ⅲ. ①核设施-磁粉检验-技术培训-教材 Ⅳ. ①TL75

中国版本图书馆 CIP 数据核字(2021)第 045150 号

核设备无损检测工　磁粉检测

出版发行 中国原子能出版社(北京市海淀区阜成路 43 号　100048)
责任编辑 刘东鹏
责任校对 冯莲凤
责任印制 赵　明
印　　刷 保定市中画美凯印刷有限公司
经　　销 全国新华书店
开　　本 787 mm×1092 mm　1/16
印　　张 8.125
字　　数 203 千字
版　　次 2021 年 3 月第 1 版　2021 年 3 月第 1 次印刷
书　　号 ISBN 978-7-5221-1297-8　　**定　价** **58.00 元**

网址:http://www.aep.com.cn　　**E-mail:atomep123@126.com**
发行电话:010-68452845
版权所有　侵权必究

国家职业资格培训教程

核设备无损检测工
磁粉检测

编审委员会

主　任　余剑锋

副主任　祖　斌

委　员　王安民　赵积柱　陈　桦　顾　健
　　　　霍颖颖　陈璐璐　周　伟　周汇东
　　　　聂　勇　蔡家藩　李　姝　陈　昱
　　　　张士军　刘玉山　何　石

主　编　聂　勇　杨崇安

编　者　岳晓明　帅　军　吕　为

主　审　李祝松

审　者　周汇东　蔡全旺　沈德贵

前　言

为推动核行业特有职业技能培训和职业技能鉴定工作的开展，在核行业特有职业从业人员中推行国家职业资格证书制度，在人力资源和社会保障部的指导下，中国核工业集团有限公司人力资源部组织有关专家编写了《国家职业资格培训教程——核设备无损检测工》(以下简称《教程》)。

《教程》以国家职业标准为依据，内容上力求体现"以职业活动为导向，以职业技能为核心"的指导思想，紧密结合实际工作需要，注重突出职业培训特色；结构上针对本职业的职业活动的领域，按照模块化的方式，针对核设备无损检测工职业领域特点，分别按超声、射线、涡流、泄漏、磁粉、渗透、目视七种无损检测方法各自成册。《教程》中的章对应于职业标准的"职业功能"，节对应 "工作内容"；每节包括"学习目标""生产准备""工艺操作"及"自检"等单元，涵盖了职业标准中的"技能要求"和"相关知识"的基本内容。此外，针对职业标准中的"基本要求"，还专门编写了《核设备无损检测工(基础知识)》一书，内容涉及：职业道德、专业基础知识、安全文明生产与环境保护知识、金属材料加工工艺及典型缺陷特征、质量管理知识和相关法律、法规知识等。

《教程》适用于核设备无损检测工的初级、中级、高级、技师、高级技师培训，是核设备无损检测工职业技能鉴定的指定辅导用书。

《教程》由聂勇、杨崇安、蔡军、周大禹、余荆生、夏建文、王卓巍、卢威、张运平、张涵、左畅、董兴、余自力、刘铁群、曾玉华、陈霞、黄晓锋、陈胜宇、李宜全、高谊、岳晓明、吕为、帅军、王金龙、吴海林、刘波、潘越峰等编写，由李祝松、周汇东、蔡全旺、沈德贵审核。《教程》由核动力运行研究所、中核建中核燃料元件有限公司和中核北方核燃料元件有限公司负责编写，核动力运行研究所统稿。

由于编者水平有限，时间仓促，加之科学技术的发展，教材中不足与错误之处在所难免，欢迎提出宝贵意见和建议。

中国核工业集团有限公司人力资源部
中国核能电力股份有限公司

目　录

第一部分　磁粉检测的物理原理及技术基础

第二部分　磁粉检测操作技能

第一部分　磁粉检测的物理原理及技术基础

学习目标:

初级工:了解磁粉检测的基础知识及磁粉检测的特点,以及磁粉检测设备、磁粉、载液及磁悬液的相关知识;了解标准试片和标准试块的相关知识;熟悉周向、纵向及多向磁化方法;掌握磁粉检测的步骤;熟悉接件、锻钢件、铸钢件磁粉检测的相关知识;了解磁痕分析与缺陷评定中相关显示、非相关显示及假显示的相关知识。

中级工:熟悉磁粉检测的基础知识;了解磁粉检测的特点和磁粉检测设备、磁粉、载液及磁悬液的相关知识;熟悉标准试片和标准试块的相关知识;熟悉周向、纵向及多向磁化方法;了解各种磁化方法的特点;掌握磁粉检测的步骤;熟悉焊接件、锻钢件磁粉检测的相关知识,了解铸钢件检测的特点并掌握如何实施锻钢件检测,以及磁痕分析与缺陷评定的意义;熟悉相关显示、非相关显示及假显示;了解蒸汽发生器筒体/锥形管段连接焊缝、螺栓和螺母、汽轮机叶片的磁粉检测工艺。

高级工:掌握磁粉检测的基础知识;熟悉磁粉检测的特点;熟悉磁粉检测设备、磁粉、载液及磁悬液的相关知识;掌握标准试片和标准试块的相关知识,以及周向、纵向及多向磁化方法;熟悉各种磁化方法的特点;了解磁粉检测的时机;掌握磁粉检测的步骤,以及焊接件、锻钢件、铸钢件磁粉检测的相关知识;熟悉磁痕分析与缺陷评定的相关知识,以及蒸汽发生器筒体/锥形管段连接焊缝、螺栓和螺母、汽轮机叶片的磁粉检测工艺;熟悉磁粉检测工艺卡的相关内容。

技师:掌握磁粉检测的基础知识及磁粉检测的特点;熟悉磁粉检测设备、磁粉、载液及磁悬液的相关知识;掌握标准试片和标准试块的相关知识;掌握磁化方法、磁化规范及磁粉检测工艺的相关知识;掌握焊接件、锻钢件、铸钢件磁粉检测的相关知识;掌握磁痕分析与缺陷评定的相关知识;熟悉蒸汽发生器筒体/锥形管段连接焊缝、螺栓和螺母、汽轮机叶片的磁粉检测工艺;熟悉磁粉检测工艺规程;能编制工艺卡;了解磁粉检测新技术、新知识和新工艺。

高级技师:熟悉磁粉检测设备、磁粉、载液及磁悬液的相关知识;掌握标准试片和标准试块的相关知识;掌握磁化方法、磁化规范及磁粉检测工艺的相关知识;掌握焊接件、锻钢件、铸钢件磁粉检测的相关知识,掌握磁痕分析与缺陷评定的相关知识;掌握蒸汽发生器筒体/锥形管段连接焊缝、螺栓和螺母、汽轮机叶片的磁粉检测工艺;能编制磁粉检测工艺规程及工艺卡等;熟悉磁粉检测新技术、新知识和新工艺。

第一章　磁粉检测的物理基础

第一节　磁粉检测的基础知识

磁性材料工件被磁化后，由于不连续性的存在，使工件表面和近表面的磁感应线发生局部畸变而产生漏磁场，吸附施加在工件表面的磁粉，在合适的光照下形成目视可见的磁痕，从而显示出不连续性的位置，大小、形状和严重程度。如图 1-1 所示。

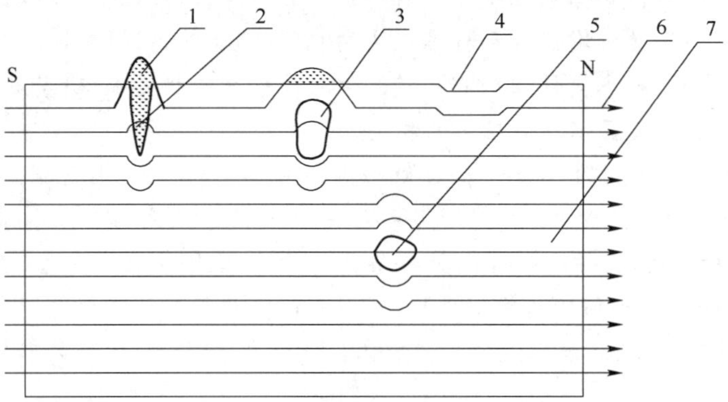

图 1-1　不连续性处漏磁场分布

1—漏磁场；2—裂纹；3—近表面气孔；4—划伤；5—内部气孔；6—磁感应线；7—工件

磁粉检测工艺如下：

包括(1) 预处理；(2) 磁化工件；(3) 施加磁粉或磁悬液；(4) 磁痕的观察与记录；(5) 缺陷评定；(6) 退磁；(7) 后处理七个步骤。

一、基本磁现象

磁铁具有吸引铁屑等物体的性质，这种性质叫作磁性。将一根条形磁铁放在铁粉堆里再取出来，可以看到它的两端吸引铁粉最多，其他地方很少或没有，见图 1-2。磁铁上这种磁性特别强、吸附磁粉特别多的区域称为磁极。

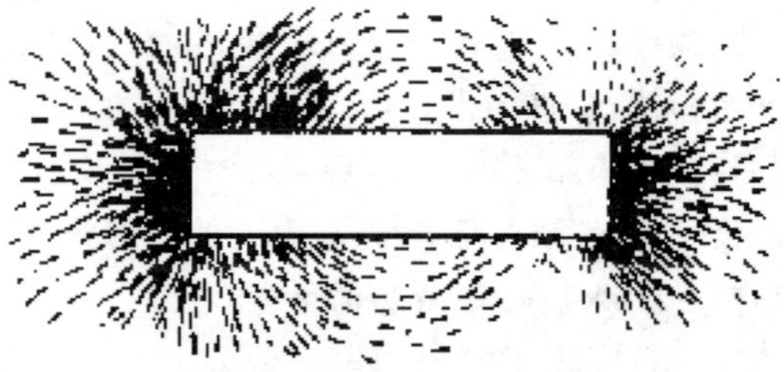

图 1-2　条形磁铁吸引磁粉

磁极具有方向性。将一根能绕轴旋转的条形小磁铁放在空间，它的两个磁极将指向地球的南北方向。指北的一端叫北极，用 N 表示；指南的一端叫南极，用 S 表示。小磁铁指向地球南北的原因是地球本身就具有磁性，它是一个大磁体。

每个磁体上的磁极总是成对出现的，在自然界中没有单独的 N 极或 S 极存在。如果把条形磁铁分成两半，每一部分仍有相应的 S 极和 N 极。即使把磁铁捣成粉末，S 极和 N 极仍在每个颗粒上成对出现。

磁铁之间有相互作用力，这种力叫作磁力。从实验中可以看到，极性相同的磁极（S 极和 S 极、N 极和 N 极）互相排斥；极性相反的磁极（S 极和 N 极）彼此间互相吸引。这说明磁体间具有相互作用的力，这就是磁力。磁力的大小和方向是可以测定的。同一个磁体两个磁极的磁力大小相等，但方向相反。

把一个磁体靠近原来不具有磁性的铁磁性物体，该物体不仅被磁体吸引，而且自己也具有了吸引其他铁磁性物质的性质，即有了磁性。这种使原来不具有磁性的物体得到磁性的过程叫作磁化。铁及其合金磁化现象特别显著。一些物体在磁化的磁体撤离后仍保持有相当的磁性。这种磁性叫剩磁。具有剩磁的磁体也就成为一个新的磁体。

不仅磁铁具有磁性，而且电流在通过导体时也可以对铁及其合金产生吸引。就是说，电流也同样具有磁性。

二、磁场

磁体间的相互作用是通过磁场来实现的。所谓磁场，是具有磁力作用的空间。它是物质存在的基本属性之一，具有力和能量。

为了形象地表示磁场的强弱、方向和分布的情况，可以用假想的磁感应线来反映磁场中各点的磁场强度和方向。图 1-3 表示了条形磁铁的磁感应线。

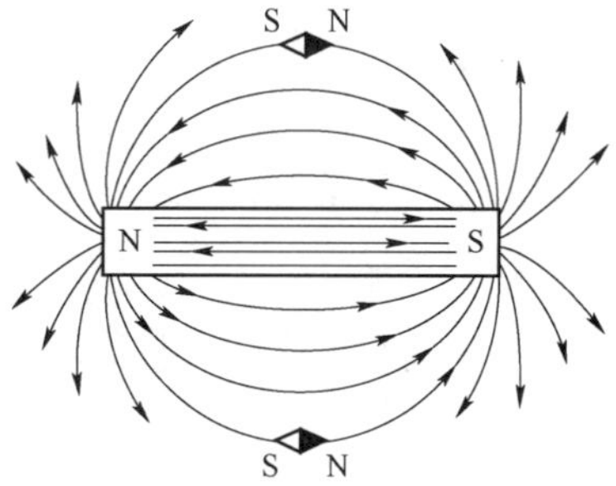

图 1-3　条形磁铁的磁感应线

从图 1-3 中可以看出，在条形磁铁两极处磁感应线紧密相聚，而在远离磁极的中间部位则较稀疏。这说明两极的磁性很强，离磁极较远的地方则较弱。

全部磁感应线构成了磁场。磁感应线所通过的闭合路径叫磁路。磁感应线具有以下特性：

（1）磁感应线是具有方向性的闭合曲线。在磁体内，磁感应线是由 S 级到 N 级；在磁体外，磁感应线是由 N 级出发，穿过空气进入 S 级的闭合曲线。

（2）磁感应线互不相交。

（3）磁感应线可描述磁场的大小和方向。

（4）磁感应线沿磁阻最小的路径通过。

三、磁场中的基本物理量

1. 磁场强度

在电流产生磁场中有磁介质存在时，空间任一点的磁感应强度 $\boldsymbol{B}$ 等于导线中的电流（称为传导电流）所激发的磁场与磁介质磁化后束缚电流所激发的附加磁场的矢量和，故有

$$\oint \boldsymbol{H} \cdot \mathrm{d}l = \sum I$$

式中，$\boldsymbol{H}$ 称为磁场强度矢量，其单位为安每米（A/m）。该式称为有磁介质时的安培环路

定理，它表明 $\boldsymbol{H}$ 矢量的环流(沿任何闭合曲线的线积分)只和传导电流 I 有关，与磁介质的磁性无关。

2. 磁通量

在磁场中，通过一给定曲面的总磁感应线，称为通过该曲面的磁通量，用符号 Φ 表示。

在 SI 单位制中，磁通量的单位为韦伯(Wb)，而 CGS 单位制中则是麦克斯韦(Mx)。通常把 1 Mx 叫作 1 条磁感应线。Wb 和 Mx 之间的关系是

$$1\ \mathrm{Wb}=10^{8}\ \mathrm{Mx} \tag{1-1}$$

3. 磁感应强度

常用磁感应强度来定量的描述磁场的特性。磁感应强度用符号 $\boldsymbol{B}$ 表示，它具有方向和大小，是一个矢量。

在 SI 单位制中，磁感应强度的单位为特斯拉(T)。

1 特斯拉(T)=1 牛顿安培米(N/(A・m))=1 韦伯/米^2(Wb/m^2)。

在 CGS 单位制中，磁感应强度单位为高斯(Gs)。T 与 Gs 之间的关系为

$$1\ \mathrm{T}=10^{4}\ \mathrm{Gs} \tag{1-2}$$

可以用磁感应线来描绘磁场的分布，并且规定：通过磁场中某点处垂直于 $\boldsymbol{B}$ 矢量的单位面积的磁感应线数等于该点 $\boldsymbol{B}$ 矢量的大小，该点磁感应线的切线方向为 $\boldsymbol{B}$ 矢量的方向。

在任何磁场中，每一条磁感应线都是和闭合电流相互套链的无头无尾的闭合线，磁场较强的地方，磁感应线较密；反之，磁感应线就较疏，而且磁感应线的环绕方向和电流方向形成右手螺旋的关系。

4. 磁导率

磁感应强度 $\boldsymbol{B}$ 与磁场强度 $\boldsymbol{H}$ 的比值称为磁导率，或称为绝对磁导率，用符号 μ 表示。磁导率表示材料被磁化的难易程度，它反映了材料的导磁能力。用公式表达为

$$\mu=\mu_{\mathrm{o}}\mu_{\mathrm{r}} \tag{1-3}$$

在 SI 单位制中磁导率的单位为亨/米(H/m)。磁导率 μ 不是常数，而是随磁场大小不同而改变的变量，有最大值和最小值。

式中的 μ_{o} 叫真空磁导率，它是一个不变的恒量，$\mu_{\mathrm{o}}=4\pi\times10^{-7}$ 亨/米(H/m)；μ_{r} 叫相对磁导率，是材料绝对磁导率与真空磁导率的比值。

5. 磁场的合成

当有多个磁场同时对工件进行多方向磁化时，对工件作用的磁场应是各磁场的矢量和，即合成磁场为各个磁场矢量的叠加。这里主要介绍两种常用的合成磁场。

(1) 交叉磁轭的磁场合成

1) 旋转磁场的形成

交叉磁轭属于复合磁化(多向磁化)。它是利用两相或多相磁场相互叠加而形成的合成磁场对工件进行磁化的。如图 1-4 所示。

交叉磁轭可以形成旋转磁场。它的四个磁极分别由两相具有一定相位差 ϕ 的正弦交变电流激磁，两相激磁电流产生的磁场波形图如图 1-5 所示。

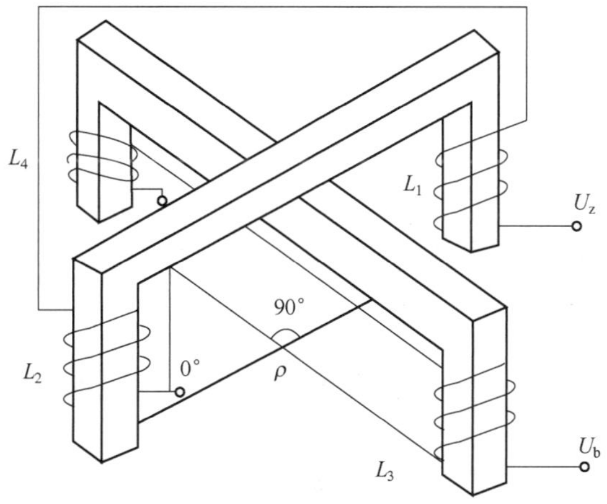

图 1-4　交叉磁轭示意图

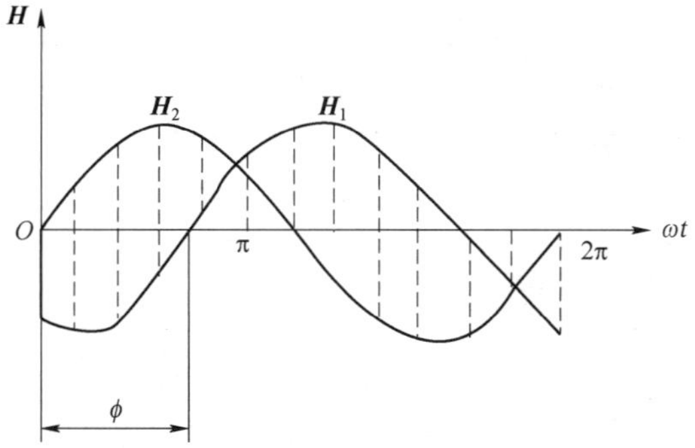

图 1-5　两相激磁电流产生的磁场波形图

当条件合适时，其合成磁场就以激磁电流同样的频率，在四个磁极所在平面不停旋转，旋转磁场因此而得名。

2）旋转磁场分布特点

交叉磁轭的磁场无论在四个磁极的内侧还是外侧，其分布都是极不均匀的。只有在几何中心点附近很小的范围内，其旋转磁场的椭圆度变化不大，而离开中心点较远的其他位置，其椭圆度变化很大，甚至不能形成旋转磁场。另外四个磁极外侧仍然有旋转磁场存在，只是有效磁化范围较小。

3）交叉磁轭的提升力

交叉磁轭的提升力代表交叉磁轭导入被检工件有效磁通的多少，即工件被磁化后其磁感应强度的大小。提升力必须大于某一值后，才能保证被检工件的有效磁感应强度，即保证检测灵敏度。

(2）摆动磁场的合成

直流电磁轭与交流通电法复合磁化是指工件用直流电磁轭进行纵向磁化，并同时用交流轴向通电法进行周向磁化，如图 1-6 所示。

6. 磁介质

当某种物质放在磁场中时,它将使所占空间的磁场发生变化,即物质中的磁场将增加或减少。能影响磁场的物质叫作磁介质。自然界中各种宏观物质对磁场都有不同程度的影响,因此一般都是磁介质。

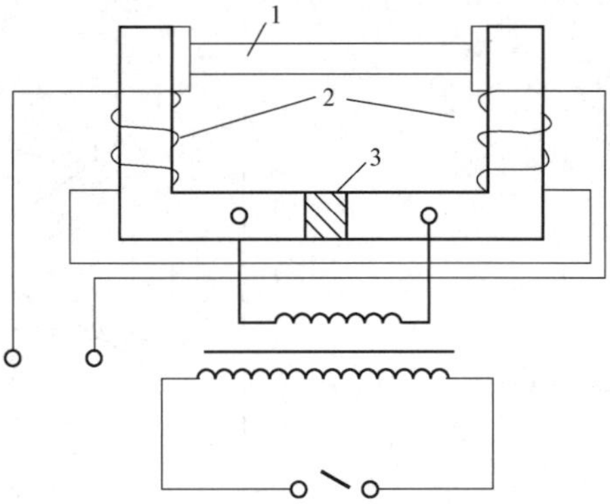

图 1-6 直流电磁轭与交流通电法复合磁化
1—工件;2—磁化线圈;3—绝缘片

设某一电流分布在真空中激发的磁感应强度为 $\boldsymbol{B}_0$,那么在同一电流分布下,当磁场中放进了某种磁介质后,磁化了的磁介质将激发附加磁感应强度 $\boldsymbol{B}'$,这时磁场中任一点的磁感应强度 $\boldsymbol{B}$ 等于 $\boldsymbol{B}_0$ 和 $\boldsymbol{B}'$的矢量合,即

$$\boldsymbol{B}=\boldsymbol{B}_0+\boldsymbol{B}' \tag{1-4}$$

由于磁介质有不同的磁化特性,它们磁化后所激发的附加磁场也有所不同。据此可以把磁介质分为顺磁性材料(顺磁质)、抗磁性材料(抗磁质)和铁磁性材料(铁磁质),抗磁性材料又叫逆磁性材料。顺磁性材料被磁化后,磁介质中的磁感应强度 $\boldsymbol{B}$ 稍大于 $\boldsymbol{B}_0$ 即 $\boldsymbol{B}>\boldsymbol{B}_0$,如铝、铬、锰、铂、氮等。能被磁体轻微吸引。抗磁性材料被磁化后,磁介质中的磁感应强度 $\boldsymbol{B}$ 稍小于 $\boldsymbol{B}_0$,即 $\boldsymbol{B}<\boldsymbol{B}_0$,如铜、银、金、铅、锌等,能被磁体轻微排斥。铁磁性材料被磁化后,所激发的附加磁感应强度 $\boldsymbol{B}'$ 远大于 $\boldsymbol{B}_0$,使得 $\boldsymbol{B}\gg\boldsymbol{B}_0$,如铁、镍、钴、钆及其合金等。铁磁质能显著的增强磁场,能被磁体强烈吸引。

7. 铁磁材料

(1) 磁畴

在铁磁质中,相邻铁原子中的电子间存在着非常强的交换耦合作用,这个相互作用促使相邻原子中电子磁矩平行排列起来,形成一个自发磁化达到饱和状态的微小区域,这些自发磁化的微小区域,称为磁畴。一个典型的磁畴宽度约为 10^{-3} cm,体积约为 10^{-9} cm^3,内部大约含有 10^{14} 个磁性原子。某铁磁性材料的磁畴如图 1-7 所示。

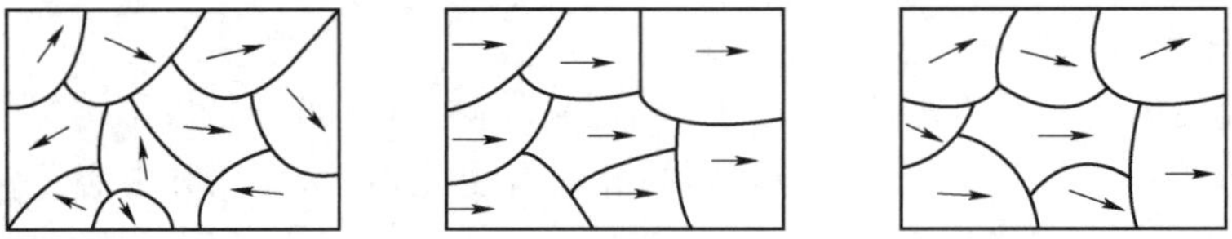

(a) (b) (c)

图 1-7 铁磁性材料的磁畴方向

在未受到外磁场作用时,铁磁性材料内各磁畴的磁矩方向互相作用抵消,因而对外显示不出磁性。当把铁磁性材料放到外加磁场中去时,磁畴就会收到外加磁场的作用,一是使磁畴磁矩转动,二是使磁壁(相邻磁畴的分界线)发生位移,最后全部磁畴的磁矩方向转向与外加磁场方向一致,如图 1-7b 所示,铁磁性材料被磁化。铁磁性材料被磁化后,就变成磁体,显示出很强的磁性,去掉外加磁场之后,磁畴出现局部转动,但仍保留一定的剩余磁性,如图 1-7c 所示。

随着温度的升高,铁磁质内的磁性将逐步降低,即磁化强度数值将会减小。在达到某一个临界温度时,铁磁性将完全消失而呈现出顺磁性。这种铁磁性随温度升高而降低的原因是由于物质内部的热扰动破坏了原子磁矩的平行排列。到达一定程度时,磁畴将完全消失而呈现出顺磁性。这个使磁性完全消失的临界温度叫作该铁磁物质的居里点。

(2)铁磁性材料的磁化过程——磁特性曲线

1)铁磁质被磁化的过程,如图 1-8 所示。

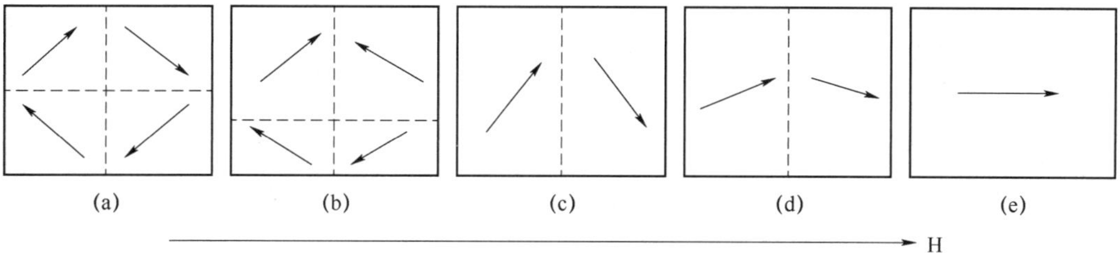

图 1-8　铁磁性材料的磁化过程

① 未加磁场时,磁畴磁矩杂乱无章,对外不显示宏观磁性,如图 1-8a 所示。

② 在较小的磁场作用下,磁矩方向与外加磁场方向一致或接近的磁畴体积增大,而磁矩方向与外加磁场方向相反的磁畴体积减小,畴壁发生位移,如图 1-8b 所示。

③ 增大外加磁场时,磁矩转动畴壁继续位移,最后只剩下与外加磁场方向比较接近的磁畴,如图 1-8c 所示。

④ 继续增大外加磁场,磁矩方向转动,与外加磁场方向接近,如图 1-8d 所示。

⑤ 当外加磁场增大到一定值时,所有磁畴的磁矩都沿外加磁场方向有序排列,达到磁化饱和,相当于一个微小磁铁或磁偶极子,产生 N 极和 S 极,宏观上呈现磁极,如图 1-8e 所示。

2)磁特性曲线

初始化曲线是表征铁磁性材料磁特性的曲线,用以标识 M-H 或 B-H 的关系。将铁磁性材料做成环形样品,绕上一定匝数的线圈,线圈经过换向开关 K 和可变电阻器 R 接到直流电源上,其电路如图 1-9 所示。

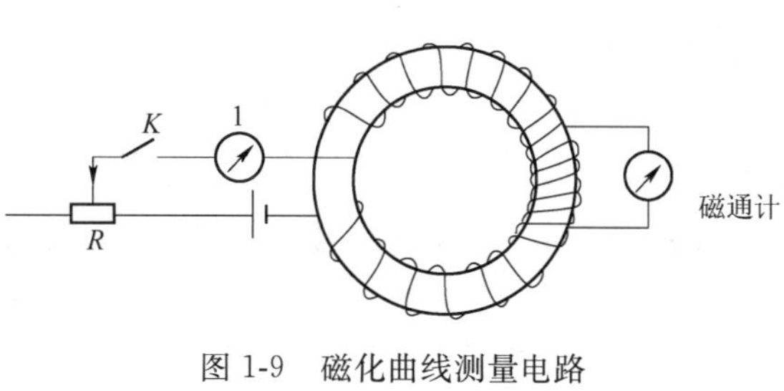

图 1-9　磁化曲线测量电路

通过测量线圈中的电流 I,算出材料内部的磁场强度 $\boldsymbol{H}$ 值,用冲击检流计或磁通计测量此时穿过环形样品横截面的磁通量 Φ,从而计算出磁感应强度 $\boldsymbol{B}$ 值,从而可以计算出磁化强度 M 值。根据计算结果则可以形成初始化曲线、$\boldsymbol{B}$–$\boldsymbol{H}$ 曲线和 μ–$\boldsymbol{H}$ 曲线,如图 1-10 和图 1-11 所示。

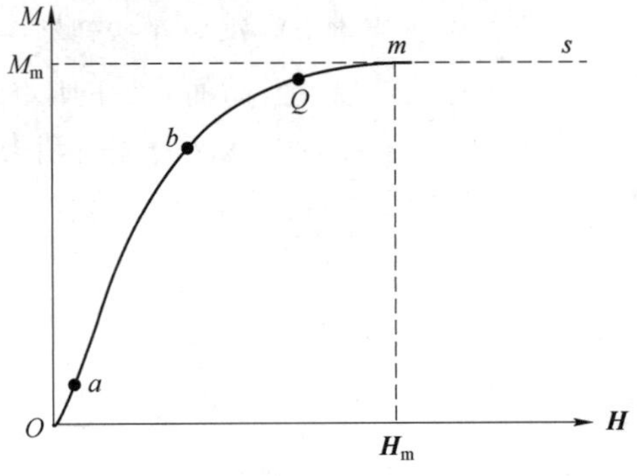

图 1-10　初始磁化曲线

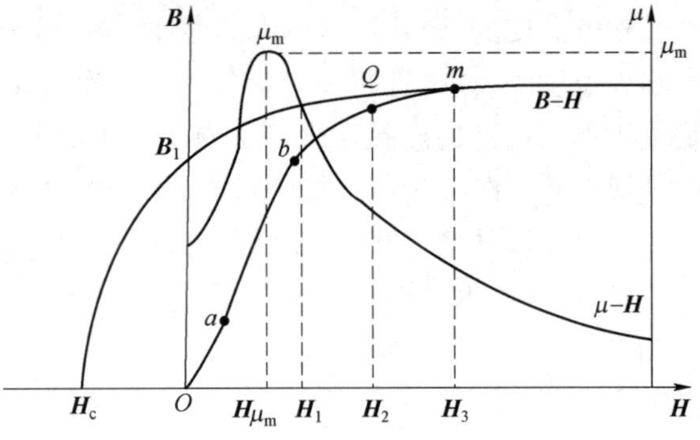

图 1-11　***B*-*H*** 曲线和 *μ*-***H*** 曲线

(3) 磁滞回线、矫顽力 $\boldsymbol{H}_c$ 和剩磁 $\boldsymbol{B}_r$

描述磁滞现象的闭合磁化曲线叫磁滞回线，只有交流电才产生这种磁滞回线，如图 1-12 所示。

当铁磁性材料在外加磁场强度作用下磁化到 1 点后，减小磁场强度到零，磁感应强度并不沿曲线 1-0 下降，而是沿曲线 1-2 降到 2 点，这种磁感应强度变化滞后于磁场强度变化的现象叫作磁滞现象，它反映了磁化过程的不可逆性。当磁场强度增大到 1 点时，磁感应强度不再增加，得到的 0-1 曲线称为初始磁化曲线。当外加磁场强度 $\boldsymbol{H}$ 减小到零时，保留在材料中的磁性，称为剩余磁感应强度，简称剩磁，用 $\boldsymbol{B}_r$ 表示。为了使剩磁减小到零，必须施加一个反向磁场强度，使剩磁将为零所施加的反向磁场强度称为矫顽力。用 $\boldsymbol{H}_c$ 表示。

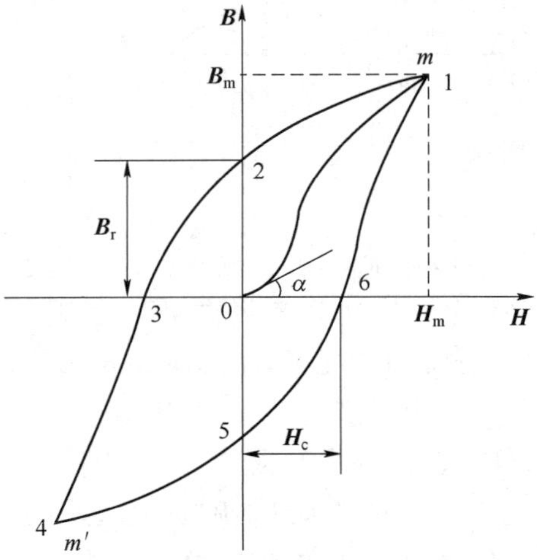

图 1-12　磁滞回线

图 1-12 中，$\pm\boldsymbol{B}_m$ 为饱和磁感应强度，表示工件在饱和磁场强度 $\pm\boldsymbol{H}_m$ 磁化下 $\boldsymbol{B}$ 达到饱和，不再随 $\boldsymbol{H}$ 增大而增大，对应的磁畴全部转向与磁场方向一致。

根据上文所述，可以总结出铁磁性材料具有以下特性：

1) 高导磁性；

2) 磁饱和性；

3) 磁滞性。

(4) 铁磁材料的磁性分类

通常按照材料的矫顽力 $\boldsymbol{H}_c$，可分成硬磁材料、软磁材料两大类。$\boldsymbol{H}_c < 10^2$ A/m 被认为是软磁材料，磁滞回线如图 1-13a 所示。$\boldsymbol{H}_c > 10^2$ A/m 被认为是硬磁材料磁滞回线，如图 1-13b 所示。同时还存在一种铁氧体材料，其磁滞回线近似矩形，如图 1-13c 所示。

软磁材料和硬磁材料具有以下特点：

1) 软磁材料磁滞回线长，具有高磁导率、低矫顽力和低磁阻，磁粉检测时容易磁化，也容易退磁。有电工用纯铁、低碳钢和软磁铁氧体等。

2) 硬磁材料磁滞回线肥大，具有低磁导率、高剩磁、高矫顽力和高磁阻，磁粉检测时难以磁化，也难以退磁。有铝镍钴、稀土钴和硬磁铁氧体等。

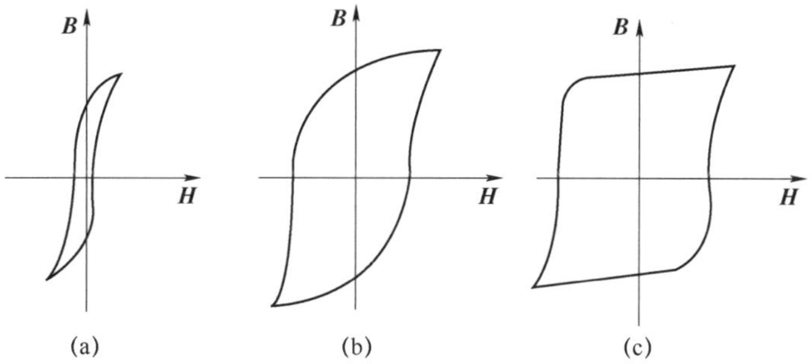

图 1-13　不同材料磁滞回线的比较

(a) 软磁材料；(b) 半硬磁材料；(c) 硬磁材料

8. *磁路和退磁场*

(1) 磁路和磁路定理

1) 磁路

铁磁材料磁化后不仅产生附加磁场，而且能把大部分磁通（磁感应线）约束在一定的闭合路径上，路径周围的空间由于磁导率太小而磁通很少。这种由磁感应线通过的闭合路径叫作磁路。它是由磁通通过的铁磁材料及空气隙（或其他弱磁质）所组成的闭合回路。

2) 磁路定理

在磁粉检测中，通常用磁路定理来分析磁路。

设一密绕螺线环的横截面积为 S，长度为 L，磁导率为 μ，磁场强度为 $\boldsymbol{H}=(NI)/L$，磁通量 $\boldsymbol{\Phi}=\boldsymbol{B}S=\mu\boldsymbol{H}S$，将上式合并可得

$$\boldsymbol{\Phi}=\frac{NI}{L/\mu S}=\frac{NI}{r_m} \tag{1-5}$$

式中，N——线圈匝数；

I——线圈中的电流，A。

上式与电路的欧姆定律相似，$\boldsymbol{\Phi}$ 相当于电流，磁动势 NI 相当于电压，$L/\mu S$ 相当于电阻，称为磁阻，用 r_m 表示，故磁路的磁阻与磁路的长度成正比，与其横截面积及其磁路的铁磁性材料的磁导率成反比。磁通量等于磁动势与磁阻之比，称为磁路定律。

如果在上述铁环中有空气隙，则变为串联磁路，则根据安培环路定理，有

$$HI+H_0I_0=NI \tag{1-6}$$

式中 $\boldsymbol{H}$ 和 $\boldsymbol{H}_0$ 分别代表铁环中和空气隙中的磁场强度；I 和 I_0 分别代表铁环和空气隙的长度；N 为线圈的匝数。因为铁环中和空气隙中的磁感应强度分别是 $\boldsymbol{B}=\mu\boldsymbol{H}$ 和 $\boldsymbol{B}_0=\mu_0\boldsymbol{H}_0$，磁通量 $\boldsymbol{\Phi}=\boldsymbol{B}S=\boldsymbol{B}_0S_0$。因此有

$$\boldsymbol{\Phi}=\frac{NI}{\dfrac{I}{\mu S}+\dfrac{I_0}{\mu_0 S}}=\frac{NI}{R_{m_1}+R_{m_0}}=\frac{NI}{R_m} \tag{1-7}$$

R_m 表示铁环的磁阻 R_{m_1} 和空气隙的磁阻 R_{m_0} 之和。上式说明串联磁路与串联电路相

似，串联磁路的磁阻等于串联各部分磁阻之和。

当磁路并联组合时，设磁路中部的磁通量为 $\boldsymbol{\Phi}$，在另外两个分支磁路中的磁通量分别为 $\boldsymbol{\Phi}_1$ 和 $\boldsymbol{\Phi}_2$，根据磁通量的连续性，有

$$\boldsymbol{\Phi}=\boldsymbol{\Phi}_1+\boldsymbol{\Phi}_2$$

故对背个分支磁路由安培环路定理可得

$$NI=\Phi R_{m\Phi}+\Phi_1 R_{m_1} \tag{1-8}$$

$$NI=\Phi R_{m\Phi}+\Phi_2 R_{m_2} \tag{1-9}$$

式中，R_{m_1}、R_{m_2} 和 $R_{m\Phi}$ 分别是每个分支磁路及中部磁路的磁阻，故可得

$$\boldsymbol{\Phi}=\frac{NI}{R_m+R_{m\Phi}} \tag{1-10}$$

式中：

$$\frac{1}{R_m}=\frac{1}{R_{m1}}+\frac{1}{R_{m2}} \tag{1-11}$$

与并联电路相似，并联磁路的磁阻倒数等于分支磁路磁阻倒数之和。

(2) 异质介面上磁感应线的畸变

在磁路中，磁通量在同一磁介质通过时，它的大小和方向是不变的。但从一种磁介质通向另一种磁介质时，如果两种磁介质的磁导率发生差异，那么，在两种磁介质中的磁感应强度将发生变化，即磁感应线将在两种介质的分界面附近发生畸变，形成所谓折射现象。

磁感应线的这种折射现象与光波或声波的传播现象相似，并且遵从折射定律：

$$\frac{\mathrm{tg}\alpha_1}{\mu_1}=\frac{\mathrm{tg}\alpha_2}{\mu_2} \tag{1-12}$$

或

$$\frac{\mathrm{tg}\alpha_1}{\mathrm{tg}\alpha_2}=\frac{\mu_1}{\mu_2}=\frac{\mu_{r_1}}{\mu_{r_2}} \tag{1-13}$$

式中，α_1——磁感应线从第 1 种介质中到第 2 种介质界面处与法线的夹角；

α_2——磁感应线在第 2 种介质中与法线的夹角；

μ_1——第 1 种介质的磁导率；

μ_2——第 2 种介质的磁导率。

折射定律表明，在两种磁介质的分界面处磁场将发生改变，磁感应线不再沿着原来的路径行进而发生折射，形成一种畸变磁场。折射的倾角与两种介质的磁导率有关。以磁感应线由钢铁进入空气或由空气进入钢铁为例，在空气和钢铁的分界面处，磁感应线几乎是与界面垂直的。这是由于钢铁和空气的磁导率相差 10^2～10^3 的数量级的缘故。

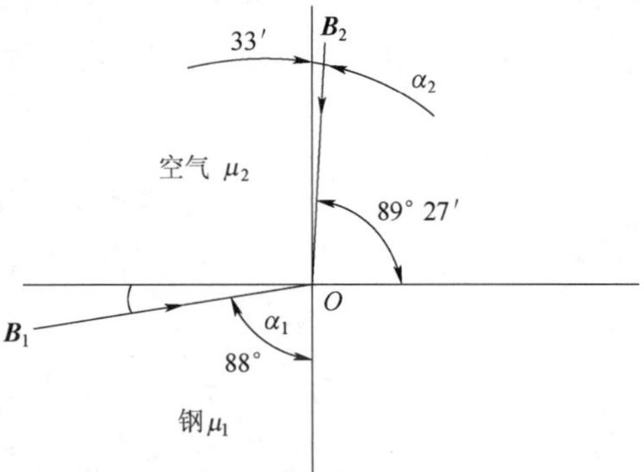

图 1-14 磁感应线在钢-空气界面的折射

磁感应线在不同磁介质面上的折射会产生

磁场畸变形成磁极,磁极产生的漏磁场是磁粉检测的基础。

(3) 退磁场

1) 退磁场现象

将材料和直径相同,长度不同的几根圆钢棒,放在同一线圈中用相同磁场强度进行磁化,然后分别测量钢棒中部表面的磁场强度值。可以发现,几根钢棒磁化情况不一样,较长钢棒比较短钢棒磁场强度值要高,容易磁化。同样,将几根直径和长度都相同的钢棒分别并联和串联组合放入同样大小的外磁场中磁化,并测量钢棒端头的磁性。在钢棒材质相同的情况下,并联的钢棒端头的磁性较串联的低。

以上试验说明,除了磁介质的性质影响磁化外,工件的形状也明显影响磁化的效果。这种因试件形状对磁化的影响,是由试件中的退磁场产生的。

退磁场是磁路中因工件材料不完全连续所产生的一种阻碍磁化的现象。所谓退磁场,是由于材料磁化时因工件形状产生了磁极,这种磁极会产生一种与原磁化方向相反方向的磁场,这种反向磁场会减少原磁场对工件的磁化作用,消耗一定的磁场能量。退磁场与材料的磁化强度 $\boldsymbol{M}$ 成正比,即

$$\boldsymbol{H}_{\mathrm{d}}=N\times\boldsymbol{M} \tag{1-14}$$

在一个均匀磁化的试件中,如果以 $\boldsymbol{H}_0$ 表示磁化场,$\boldsymbol{H}_{\mathrm{d}}$ 表示退磁场,$\boldsymbol{H}$ 为试件的实际有效磁场,则有

$$\boldsymbol{H}=\boldsymbol{H}_0+\boldsymbol{H}_{\mathrm{d}} \tag{1-15}$$

由于 $\boldsymbol{H}_{\mathrm{d}}$ 的方向与 $\boldsymbol{H}_0$ 相反,所以在数值上有效磁场 H 为

$$\boldsymbol{H}=\boldsymbol{H}_0-\boldsymbol{H}_{\mathrm{d}} \tag{1-16}$$

于是有

$$H=\frac{H_0}{1+N(\mu_{\mathrm{r}}-1)} \tag{1-17}$$

其中　$\boldsymbol{H}$——有效磁场,A/m

$\boldsymbol{H}_0$——外加磁场,A/m

$\boldsymbol{H}_{\mathrm{d}}$——退磁场,A/m

μ_{r}——相对磁导率,A/m

退磁场的表示如图 1-15 所示。

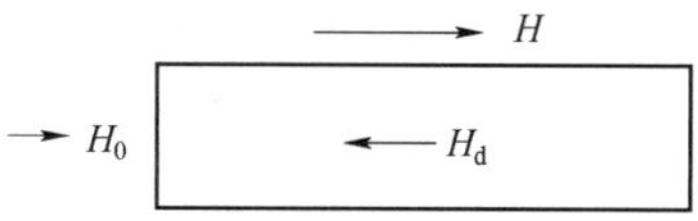

图 1-15　退磁场的示意图

不仅钢棒磁化时能产生磁极,其他任何在外磁化场中被磁化的钢铁试件都有可能产生磁极,即可能产生退磁场。但环形试件直接通电并受到均匀磁化时,由于在闭合的磁路中没有磁极产生,也就没有退磁场。

实验和理论都证明,凡是具有磁极的磁体都具有退磁场。退磁场的大小与磁化时的磁场强度大小有关,更与工件材料的磁性和形状因素有关。影响退磁场的工件形状因素叫作退磁因子,通常用 N_{d} 表示。在材料磁性差异不大的情况下,磁化时施加的磁场强度相同时,退磁因子越大,退磁场对磁化的影响也越大。

形状规则试件的退磁因子可用它的几何形状和尺寸进行计算。不规则的试件退磁因子

多采用实验确定。环形工件周向磁化时不产生磁极，其 $N_d=0$。球形工件 $N_d=0.33$。长椭球、扁椭球以及圆柱体的钢铁试件的退磁因子 N 均与长度 L 和直径 D 的比值有关。长径比 L/D 值越大，N_d 值就越小。表 1-1 表明了这种情况。

表 1-1 圆钢棒的退磁因子与 L/D 的关系

长径比	N	
	SI 单位制	CGS 单位制
1	0.333 3	0.27
2	0.14	0.14
5	0.04	0.040
10	0.017	0.017 2
20	0.006	0.007

在长径比的计算中值得注意的是所计算的长度方向应与磁场磁化方向一致。

2）工件长径比的计算

在实际磁粉探伤磁化规范选择时，往往把钢铁材料看作是磁性相似的，并用计算试件长径比的方法来近似确定退磁场的影响。

对形状规则的圆柱形试件，长径比直接采用试件的长度与试件直径相比，即 L/D。

如果试件的断面为非圆柱形，则采用换算为有效直径的方法进行计算。即采用与非圆断面工件面积相当的圆柱等效直径来计算。有效直径公式为

$$D = 2\sqrt{\frac{(A_r - A_h)}{\pi}} \tag{1-18}$$

式中，A_r——工件总的横截面积，mm^2。

A_h——工件中空部分横截面积，mm^2。

对于中空的圆柱形工件，设外直径为 D_0，内直径为 D_1，有效直径为

$$D = \sqrt{D_0^2 - D_1^2} \tag{1-19}$$

9. 漏磁场

（1）漏磁场的概念和形成原因

所谓漏磁场，就是铁磁性材料磁化后，在不连续性处或磁路的截面变化处，磁感应线离开和进入表面时形成的磁场。

漏磁场形成的原因，是由于空气的磁导率远远低于铁磁性材料的磁导率。如果在磁化了的铁磁性工件上存在着不连续性或裂纹，则磁感应线优先通过磁导率高的工件，这就迫使一部分磁感应线从缺陷下面绕过，形成磁感应线的压缩。但是，工件上这部分可容纳的磁感应线数目也是有限的，又由于同性磁感应线相斥，所以，一部分磁感应线从不连续性中穿过，另一部分磁感应线遵从折射定律，几乎从工件表面垂直地进入空气中，绕过缺陷又折回工件，形成了漏磁场。如图 1-16 所示。

如果一个环形磁铁两端完全熔合，便没有磁感应线的离开和进入，也不会出现磁极。因而也没有漏磁场产生。如果磁铁上有空气隙存在，则磁感应线将在气隙两端将分别形成 N

极和 S 极,并从 N 极进入 S 极,形成漏磁场。

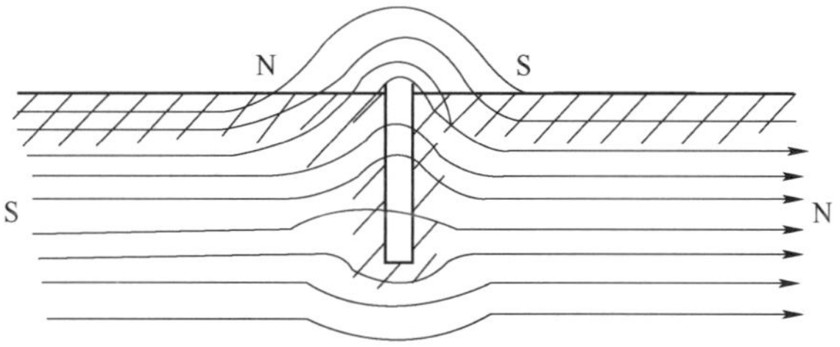

图 1-16　漏磁场的形成

(2) 影响缺陷漏磁场大小的因素

真实的缺陷具有复杂的几何形状,计算其漏磁场是困难的,但这并不是说漏磁场是不可以认识的。可以对影响缺陷漏磁场的一般规律进行探讨。影响缺陷漏磁场的主要因素有:

1) 外加磁化场的影响

从钢铁的磁化曲线中可知,外加磁场的大小和方向直接影响磁感应强度的变化。而缺陷的漏磁场大小与工件材料的磁化程度有关。一般说来,在材料未达到近饱和前,漏磁场的反应是不充分的。这时磁路中的磁导率 μ 一般呈上升趋势,磁化不充分,则磁感应线多数向下部材料处“压缩”。而当材料接近磁饱和时,磁导率已呈下降趋势,此时漏磁场将迅速增加,如图 1-17 所示。

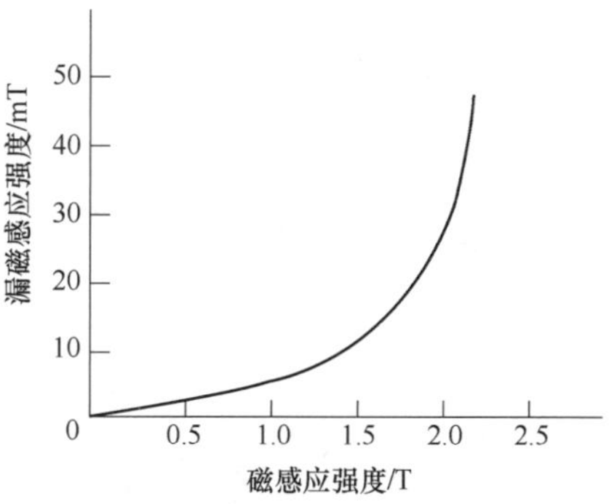

图 1-17　漏磁场与钢材磁感应强度的关系

2) 工件材料及状态的影响

不同钢铁材料的磁性是不同的。在同样磁化场条件下,它们的磁性各不相同,磁路中的磁阻也不一样。对材料的磁特性分析证明,在材料的近饱和处,不同材料的磁导率与最大磁导率的比值(μ/μ_{max})是有差异的。从统计规律看,磁性较软的材料比值较小,而磁性较硬的材料比值较大。反映了磁性较软的材料在近饱和处磁阻变大,易于逸出形成漏磁场。

钢铁材料的晶格结构不同,磁特性便有所变化。面心立方晶格的材料是非磁性材料。体心立方晶格的材料是铁磁性材料,但体心立方晶格如果发生变形,其磁性也将发生很大变化。例如,当合金成分进入晶格以及冷加工或热处理使晶格发生畸变时,都会改变磁性,矫顽力与钢的硬度有着相对应的关系,即矫顽力随着硬度的增大而增大,漏磁场也增大。

3) 缺陷位置及形状的影响

钢铁材料表面和近表面缺陷都会产生漏磁通。不过随着缺陷埋藏深度的加大,缺陷的显现能力将急剧恶化。这是由于同样的缺陷埋藏深度过深时,被弯曲的磁感应线难以逸出表面,不容易形成漏磁场。

缺陷方向同样对漏磁场大小有影响。当缺陷方向与磁化场方向平行,所产生的漏磁场最小。当缺陷方向与磁化场方向垂直时,缺陷所阻挡的磁通最多,漏磁场最强也最有利于缺陷的检出。而缺陷方向与磁化场成某一角度时(缺陷倾角),漏磁场将会减少。一般说来,缺陷倾角方向如果不小于 45°,对显示的影响不大;但在缺陷倾角小于 30°的条件下,缺陷显现将很不可靠或者根本显现不出来。

在表面缺陷开口宽度相同的条件下，如果缺陷高度不同，产生的漏磁场也不一样。缺陷高度和宽度之比叫深宽比，用 h/b 表示。有资料说明，当 $h/b \geq 10$ 时，缺陷就能很好显示。高度 h 更大或者深宽比 h/b 更大的缺陷会显现得更好。而缺陷的长度 l，只要不小于 0.5 mm 便对显现能力没有影响。深宽比越大，漏磁场也越强，缺陷也易于被发现。气孔比横向裂纹产生的漏磁场小。球孔、柱孔、链孔等形状都不利于产生大的漏磁场。缺陷的深宽比是影响漏磁场的一个重要因素，缺陷的深宽比越大，漏磁场越大，缺陷越容易检出。

4）钢材表面覆盖层的影响

工件表面非磁性覆盖层会导致漏磁场在表面上的减小。一般情况下，覆层厚度在 20 μm 时可认为没有影响。但覆层厚度的增加将造成显示能力的递减。当覆层厚度在 100～150 μm 时，只能检测出高为 150 μm 以上的粗大缺陷。

若工件表面进行了喷丸强化处理，由于处理层的缺陷被强化处理所掩盖，漏磁场的强度也将大大降低，有时甚至影响缺陷的检出。

5）磁化电流种类的影响

不同种类的电流对工件磁化的效果不同。交流电磁化时，由于集肤效应的影响，表面磁场最大，表面缺陷反应灵敏，但随着表面向里延伸，漏磁场显著减弱。直流电磁化时渗透深度最深，能发现一些埋藏较深的缺陷。因此，对表面下的缺陷，直流电产生的漏磁场比交流电产生的漏磁场要大。

（3）磁粉在漏磁场中的受力分析

在磁粉检测中，漏磁场是用磁粉显示的。所谓磁粉，是一种粉末状的磁性物质。有一定的大小、形状、颜色和较高的磁性。它能够被漏磁场所磁化，在漏磁场磁力的作用会产生移动，形成由磁粉堆积的漏磁场图像，即所谓"磁痕"。

设一工件表面有一狭窄的缺陷。当工件被平行于表面的磁场磁化时，缺陷将产生漏磁场，随着磁化磁场强度 $\boldsymbol{H}$ 的增大，缺陷上漏磁场也将适当加强。由于磁粉是一个个的活动的磁性体，在磁化时，磁粉的两端将受到漏磁场力矩的作用，产生与漏磁场磁极方向相反的 N 极与 S 极，并移动到到最容易被磁化的位置上来；同时磁粉在指向漏磁场强度增加最快方向上的力的作用下，被迅速吸引向漏磁场最强的区域。如图 1-18 所示。

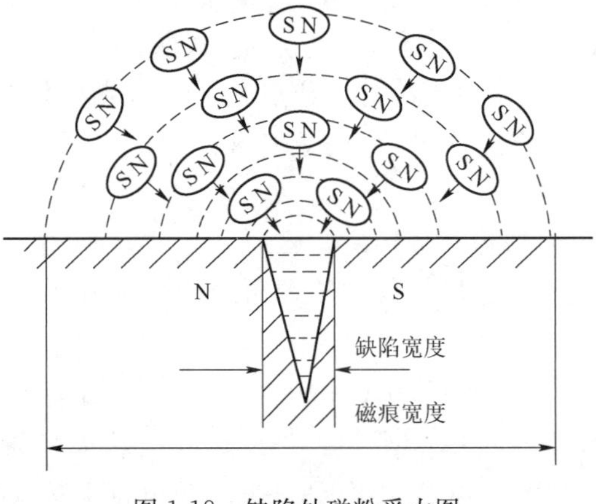

图 1-18　缺陷处磁粉受力图

磁粉在缺陷漏磁场处堆积形成的磁痕显示是一种放大了的缺陷图像，它比真实缺陷的宽度大数倍到数十倍。磁痕不仅在缺陷处出现，在材料其他不连续处都可能出现。

磁粉被漏磁场吸附的过程是一个复杂的过程。它受到的不仅是磁力，还有重力、液体分子的悬浮力、摩擦力、静电力等的作用。但这些作用都是以漏磁场产生为条件的。因此，磁粉探伤是一种利用铁磁材料漏磁场吸引磁粉显示出缺陷的方法，没有漏磁场存在，磁粉检测便发现不了缺陷。

四、磁化电流

1. *磁化电流的分类*

磁粉检测中主要用电流来产生磁场，用来磁化工件的电流叫作磁化电流。

磁粉检测所采用的磁化电流类型主要有交流电流和整流电流两大类。其中，整流电又包括半波整流电、全波整流电、三相半波整流电和三相全波整流电。除此以外，还有直流电和冲击电流等磁化电流。在工业检测中，最常用的磁化电流有交流电、单相半波整流电和三相全波整流电三种。

磁粉检测磁化工件时通常使用的磁场都比较大，需要的电流数或磁化安匝数也比较大，出于安全和实际使用原因，磁化电流多采用低电压大电流。

磁化电流使用时，其最大磁场与产生磁场的电流最大值有关。不同电流的测量要求不同，其最大值与测量值关系也不一样。

由于不同电流随时间变化的特性不同，在磁化时所表现出的性质也不一样，因此在选择磁化设备与确定工艺参数时，应该考虑不同类型电流对磁化的影响。

(1) 交流电流

1) 交流电流的一般概念

交流电流是一种大小和方向随时间作周期变化的电流。是磁粉检测中使用得最多的一种电流。

通常工业上所用的交流电流由交流发电机产生。这种电流由于它随时间按正弦规律变化，所以又叫正弦交流电，见图 1-19，一般简称为交流电。用符号 AC 表示。

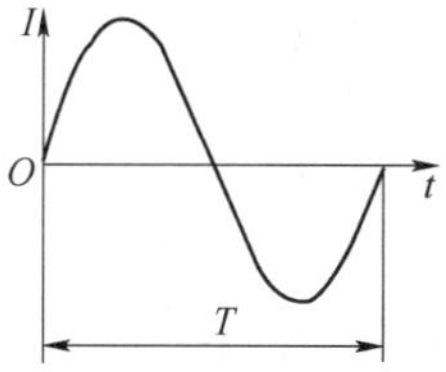

图 1-19　正弦交流电波形图

交流电的峰值 I_m 和有效值 I 的换算关系为：

$$i = I_m \sin(2\pi ft + \phi) \tag{1-20}$$

式中，i——交流电流瞬时值，A；

I_m——交流电流峰值，A；

f——交流电流的频率，Hz；

ϕ——交流电的相位。

正弦交流电的有效值 I 与峰值 I_m 的关系是峰值是有效值的 $\sqrt{2}$ 倍，或近似等于 1.414 倍。即

$$I_m = \sqrt{2}I \approx 1.414I \tag{1-21}$$

或有效值是最大值的 $I = I_m/\sqrt{2} = 0.707I_m$

通常所说的照明电压 220 V，电动机 380 V 等交流电压都是指有效值，它们的峰值应

分别为 311 V 或 537 V，即为有效值的 1.414 倍。在磁粉检测中，电流产生的最大磁场与峰值有关。

在交流电的半个周期范围内，各瞬间电流（或电压）的算术平均值称为平均值。交流电的平均值 I_d 与峰值的关系是

$$I_d=(2/\pi)I_m\approx0.637I_m \tag{1-22}$$

由于交流电在一个周期中存在着正反两个方向，故在一个周期中平均值为零。

2）集肤效应

交变电流通过导体时，导体表面电流密度较大而内部电流密度较小的现象称为集肤效应。这是由于导体在变化着的磁场里因电磁感应而产生涡流，在导体表面附近，涡流方向与原来电流方向相同，使电流密度增大；而在导体轴线附近，涡流方向则与原来电流方向相反，使导体内部电流密度减弱。材料的电导率和相对磁导率增加时，或交流电的频率提高时，都会使集肤效应更加明显。

3）交流电的优点和局限性

交流电具有以下优点：

① 对表面缺陷检测灵敏度高，由于集肤效应在工件表面电流密度最大，所以磁通密度也最大，有助于表面缺陷产生漏磁场，从而提高了工件表面曲线的检测灵敏度。

② 容易退磁，因为交流电磁化的工件，磁场集中于工件表面，所以用交流电容易将工件上的剩磁退掉，还因为交流电本身不断地变换方向，而使退磁方法变得简单又容易实现。

③ 电源易得，设备结构简单，由于电流电源能方便地输送到检测场所，交流探伤设备也不需要晶闸管理整流装置，结构较简单。

④ 能够实现感应电流法磁化，根据电磁感应定律，交流电可以在磁路里产生交变磁通，而交变磁通又可以在回路中产生感应电流，对环形件实现感应电流法磁化。

⑤ 能够实现多向磁化，多向磁化常用两个交流磁场相互叠加来产生旋转磁场或用一个直流磁场和一个交流磁场矢量合成来产生摆动磁场。

⑥ 磁化变截面工件磁场分布较均匀，用固定式电磁轭磁化变截面工件时，可发现用交流电磁化，工件表面上磁场分布较均匀。若用直流电磁化，工件截面突变处有较多的漏磁场，会掩盖该部位的缺陷显示。

⑦ 有利于磁粉迁移，由于交流电的方向在不断地变化，所产生的磁场方向也不断地改变，它有利于搅动磁粉促使磁粉向漏磁场处迁移，使磁痕显示清晰可见。

⑧ 用于评价直流电（或整流电）磁化发现的磁痕显示，由于直流电磁化较交流电磁化发现的缺陷深，所以直流电磁化发现的磁痕显示，若退磁后用交流电磁化发现不了，说明该缺陷不是表面缺陷，有一定深度。

⑨ 适用于在役工件的检测，用交流电磁化，检测在役工件表面疲劳裂纹灵敏度高，设备简单轻便，有利于现场操作。

⑩ 交流电磁化时工序间可以不退磁。

交流电的局限性是：

① 剩磁法检测受交流电断电相位影响，剩磁大小不稳定或偏小，易造成缺陷漏检，所以使用剩磁法检测的交流探伤设备，应配备断电相位控制器。

② 检测缺陷深度小，对于钢件 $\phi 1$ mm 人工孔，交流电的检测深度，剩磁法约为 1 mm，连续法约为 2 mm。

(2) 整流电流

交流电经过一个只能单方向通过电流的装置（整流器）后电流波形发生了变化，电流方向由正反两个方向变化为一个方向，电流大小也不按原来正弦规律变化，而按变化方向后新的规律波动。这种经过整流的电流叫作整流电流，又叫作脉动直流电。

由于整流器的结构不同和通入交流电的类型（单相或三相）不一样，整流电流有单相半波、单相全波、三相半波、三相全波整流之分。

1) 单相半波整流电流(HW)

交流电经过半波整流电路后得到的电流叫作半波整流电流。单相交流电经过这种整流电路后得到的电流叫作单相半波整流电。其电流波形如图 1-20 所示。

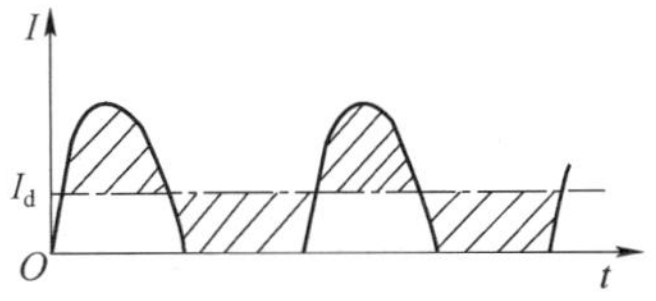

图 1-20　单相半波整流电流波形图

从波形图上看，经过整流的交流电保留了一个方向的电流脉冲，反方向的脉冲被截止，在负载上就形成了一个具有时间间隔的跳跃的脉冲波。因为只有正弦波的一半，所以叫作半波。通常用符号 HW 表示。

整流电流采用平均值进行测量。单相半波整流电流的平均值 I_d 和峰值 I_m 的关系是

$$I_m = \pi I_d \tag{1-23}$$

2) 单相全波整流电流

单相交流电经过全波整流电路后得到的电流为全波整流电。全波整流电路有变压器次级中心抽头和单相桥式两种方式。在无损检测设备中，用单相桥式整流方式较多。

图 1-21 是其经整流后的电流波形图。

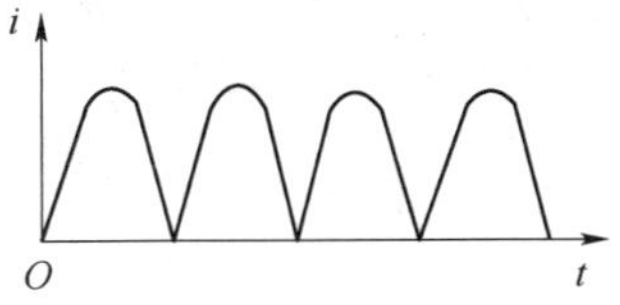

图 1-21　单相全波整流电流波形图

从波形图中可以看出，在半波整流中被截止的部分电脉冲在全波整流电流中得到了利用。因此从效率上全波整流电流高于半波整流电流。再从波的脉冲间隔跳跃程度上前者也比后者好，即电流的脉动性比半波整流有所改善。

全波整流电流同样采用平均值进行测量。其平均值 I_d 和峰值 I_m 的关系是

$$I_m = \frac{\pi}{2} I_d \tag{1-24}$$

3) 三相全波整流电流

三相整流电流是三相交流电经过整流器后得到的。也有半波和全波整流之分。在实际使用中，多采用三相全波桥式整流电路对三相交流电进行整流，得到的电流波形已经是一个较为平滑的波，其上下波动的幅度（波纹系数）已相当小，大约在 5%左右，已接近于直流电。

三相全波整流电流用符号 FWDC 表示。

图 1-22 是三相全波整流电流的波形图。

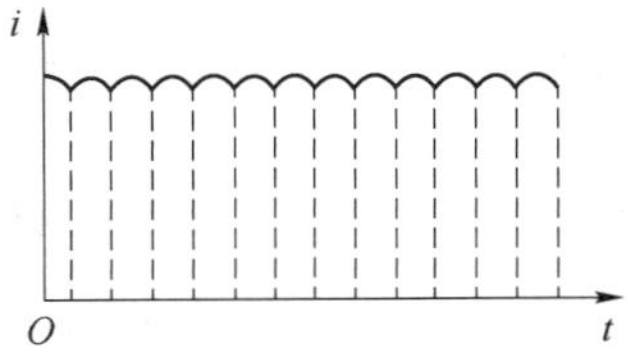

图 1-22　三相全波桥式整流电路

三相全波整流电流也用平均值进行测量。其平均值 I_d 和

峰值 I_m 的关系是

$$I_m = \frac{\pi}{3} I_d \tag{1-25}$$

(3) 其他磁化电流

其他磁化电流通常是指稳恒直流电流及高压脉冲电流等,如蓄电池产生的电流、用电容器产生的放电电流等。

高压脉冲磁化电流是用电容器的充放电获得的电流。这种电流的充放电电压很高,但放电时间很短,瞬间电流可达 10 000～20 000 A。由于在极短的放电时间中磁粉来不及向缺陷处移动,因此只能用于剩磁法检测。

由于直流磁化电源设备制造较为复杂,加之历史的原因,我国应用直流磁化方法还不够广泛,但随着电子技术的发展与国际交往的逐步扩大,采用接近于稳恒直流电的三相全波整流电进行磁化的方法正在推广,特别是在航空等部门,已经得到了比较广泛的应用。

2. 各种磁化电流的比较与选择

(1) 不同磁化电流的特点

1) 交流电流

我国磁粉检测广泛采用交流电。其主要原因是交流电磁化对表面缺陷检测灵敏度高,设备也比较简单。由于集肤效应在工件表面电流密度最大,表面磁通密度也最大,有助于缺陷产生漏磁场,从而提高了工件表面缺陷的检测灵敏度。同时,交流电的方向和大小在不断发生变化,它所产生的磁场方向和大小也在不断地沿一直线方向来回的变化。这种变化能够搅动磁粉,有助于磁粉的迁移,提高检测的灵敏度。广泛使用交流电的另一个原因是可以实现多向磁化和感应电流磁化。这主要是由于交流电可以在磁路里产生交变磁通,容易形成磁感应或进行磁场叠加。同时,交流电源易得,设备结构简单,也容易实现退磁。

交流电的局限是剩磁法检测时受断电时相位的影响,其剩磁大小不稳定或偏小,容易造成质量隐患。由于集肤效应的影响,对表面下的缺陷检测灵敏度随缺陷埋藏深度增加而显著降低,因而对距工件表面较深的缺陷就很难检测出来。一般情况下,交流电磁化的检测深度,剩磁法约为 1 mm,连续法也不超过 2 mm。

2) 单相半波整流电流

单相半波整流电具有直流电流能渗入工件表面下的性质,因此能检测工件表面下较深缺陷。又由于单相半波整流电的交流分量较大,它所产生的磁场具有较强的脉动性,对表面缺陷检测也有一定的灵敏度。因此,它兼有直流的渗入性和交流的脉动性,能提供较高的灵敏度和对比度,适用于近表面缺陷的检测。单相半波整流电是单方向脉冲电流,特别有利于磁粉的迁移,能够搅动干磁粉,因此,单相半波整流电结合干粉法检测,检测近表面气孔、夹杂和裂纹等缺陷效果很好。同时,单相半波整流电剩磁稳定。用于剩磁法检测时,不需要加装断电相位控制器。但使用单相半波整流电流退磁较困难。由于电流渗入深度大于交流电,所以比交流电退磁困难一些。检测缺陷深度不如直流电和三相全波整流电。再加上电源利用效率不高,功率不能做得很大,通常只是对工件进行局部检测应用。

3) 三相全波整流电流

三相全波整流电波纹系数很小,已接近于直流电,磁场具有很大的渗透性,可以用来检测近表面埋藏较深的缺陷。例如带涂层和镀层工件、焊件、铸件和球墨铸铁件毛坯的检测。由于采用三相交流电整流，设备电源线路要求较低，需要的输入的功率较小，受电网波动影响也较小。用于剩磁法检测时，剩磁非常稳定。但采用这种电流磁化的工件退磁较困难，需要采用特殊退磁装置(如超低频或直流换向衰减退磁设备)才能取得较好的退磁效果。另外，采用三相全波整流电磁化变截面工件时磁场会出现不均匀。在工件截面变化处会产生磁化不足或过度磁化的现象。纵向磁化时，这种电流比用交流电在工件上产生的退磁场大。

三相全波整流电不适用于干粉法检测。使用湿连续法时，必须注意有足够的通电时间以便形成磁粉显示。

(2) 磁化电流的选择

1) 常用磁化电流有效值、平均值与峰值的关系换算

表1-2给出了几种常用磁化电流有效值与平均值、峰值之间的换算关系。若使用脉冲或截相电流，则要求进行专门的测量。

表1-2　常用磁化电流的波形、电流表指示及换算关系

电流波形	电流表指示	换算关系	峰值为100 A时电流表读数
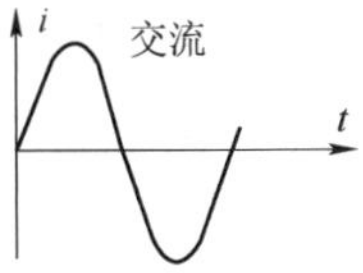	有效值	$I_m = \sqrt{2}I$	70 A
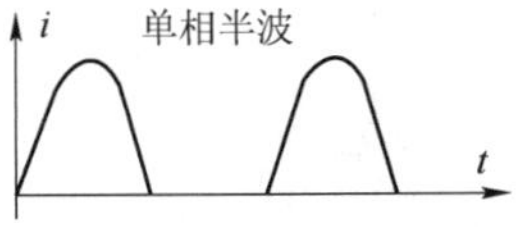	平均值 两倍平均值	$I_m = \pi I_d$ $I_m = \frac{\pi}{2} I_d$	32 A 65 A
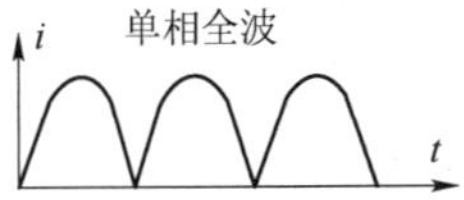	平均值	$I_m = \frac{\pi}{2} I_d$	65 A
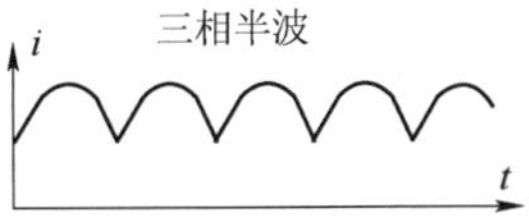	平均值	$I_m = \frac{2\pi}{3\sqrt{3}} I_d$	83 A
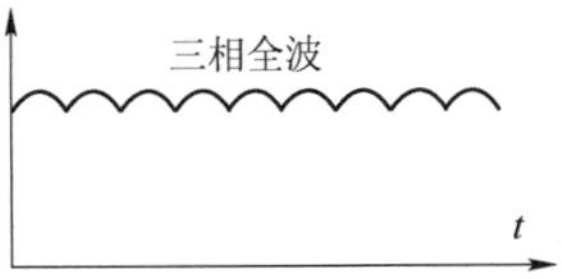	平均值	$I_m = \frac{\pi}{3} I_d$	95 A

2) 磁化电流类型确定

① 对工件表面要求检测灵敏度高的细小缺陷，应采用交流湿法检测；而对工件表面下的缺陷检测，由于交流电的渗入深度较低，不如采用整流电或直流电。三相全波整流电可检测工件近表面较深的缺陷。

② 交流电用于剩磁法检测时，由于断电相位的关系，工件上剩磁不够稳定，应加装断电相位控制器；而整流电和直流电用于剩磁法检测时，剩磁较为稳定。

③ 交流电磁化，用连续法检测主要与交流电的有效值有关，而剩磁法检测主要与电流的峰值有关。

④ 整流电流中，按单相半波、单相全波、三相半波、三相全波的次序，所含交流分量逐渐递减，直流分量逐渐增加，三相全波也接近于直流。所含交流成分越大，检测近表面缺陷的能力越小；相反，所含直流成分越大，检测近表面缺陷的能力越强。

⑤ 单相半波整流电结合干粉法检测，对工件近表面缺陷检测灵敏度高。

⑥ 冲击电流只能用于剩磁法检测。

(3) 电流的磁场

有电流通过的导体内部和周围都存在着磁场，这些电流产生的磁场同样可以对磁铁产生作用力，这种现象称为电流的磁效应。

1) 通电圆柱导体的磁场

① 磁场方向

当电流流过圆柱导体时，产生的磁场是以导体中心轴线为圆心的同心圆，如图 1-23 所示，在半径相等的同心圆上，磁场强度相等。

实验证明：磁场的方向与电流方向有关，当导体中的电流方向改变时，磁场的方向也随之改变，其关系可用右手定则确定：用右手握住导体，使拇指指向电流方向，其余四指卷曲的指向就是磁场的方向，如图 1-24 所示。

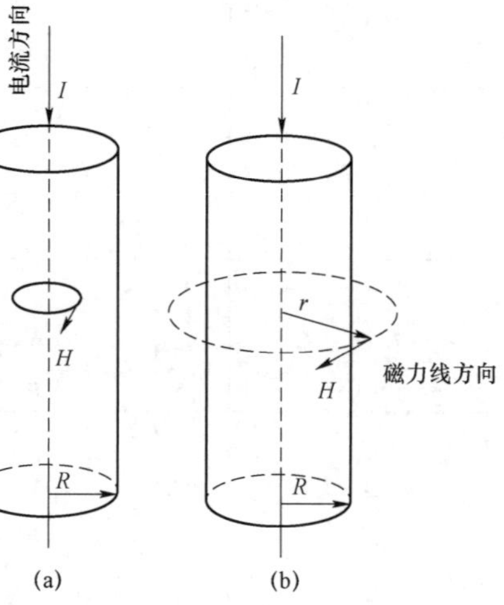

图 1-23　通电圆柱导体的磁场

a) 导体内的磁场　b) 导体外的磁场

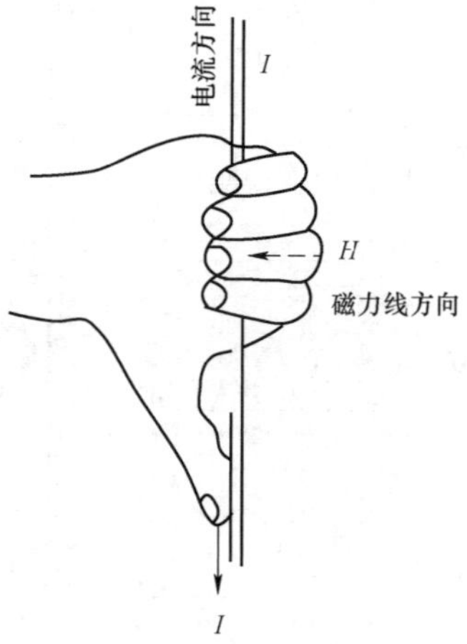

图 1-24　通电圆柱导体右手定则

② 磁场强度计算

通电圆柱导体表面的磁场强度为：

$$H = \frac{I}{2\pi R} \tag{1-26}$$

式中，H——磁场强度，A/m；

I——电流强度，A；

R——圆柱导体半径，m。

通电圆柱导体外部，如图 1-23b，r 处($r>R$)的磁场强度可由安培环路定律推导计算出，它与圆柱导体中通过的电流 I 成正比，而与该处至导体中心轴线的距离 r 成反比。

$$H = \frac{I}{2\pi r} \tag{1-27}$$

通电圆柱导体内部，如图 1-23a，r 处（$r<R$）的磁场强度可由安培环路定律推导计算出，它与圆柱导体中通过的电流 I 成正比，与至圆柱导体中心轴线的距离 r 成正比，而与圆柱导体半径 R 的平方成反比。

$$H = \frac{Ir}{2\pi R^2} \tag{1-28}$$

当 $r=R$ 时，(1-28)式变为与(1-26)式相同。

例题 1-1：一圆柱导体直径为 20 cm，通以 5 000 A 的直流电，求与导体中心轴相距 5 cm、10 cm、40 cm 及 100 cm 各点的磁场强度，并用图示法表示出导体内、外和表面磁场强度的变化。

解：与导体中心轴相距 5 cm 的点在导体之内，因为 r=5 cm=0.05 m，R=10 cm=0.1 m，代入公式：

$$H=Ir/2\pi R^2=5\,000\times0.05/2\times2.14\times0.1^2\approx4\,000\ \text{A/m}$$

与导体中心轴相距 10 cm 的点在导体表面上，R=10 cm=0.1 m，代入公式：

$$H=I/2\pi R=5\,000/2\times2.14\times0.1\approx8\,000\ \text{A/m}$$

与导体中心轴相距 40 cm 的点在导体之外，r=40 cm=0.4 m，代入公式：

$$H=I/2\pi r=5\,000/2\times3,14\times0.4\approx2\,000\ \text{A/m}$$

与导体中心轴相距 100 cm 的点在导体之外，r=100 cm=1 m，代入公式：

$$H=I/2\pi r=5\,000/2\times2.14\times1\approx800\ \text{A/m}$$

直圆柱导体内外和表面的磁场强度分布如图 1-25 所示。

例题 1-2：一圆柱导体，长 1 000 mm，直径为 100 mm，进行磁粉检测，要求导体表面的磁场强度达到 2 400 A/m，求需要的磁化电流？

解：用 SI 单位制：导体半径 $R=D/2$=100 mm/2=50 mm=0.05 m，代入公式；

$$H=I/2\pi R\text{，则 }I=2\pi RH=2\times2.14\times0.05\times2\,400=750.6\ \text{A}$$

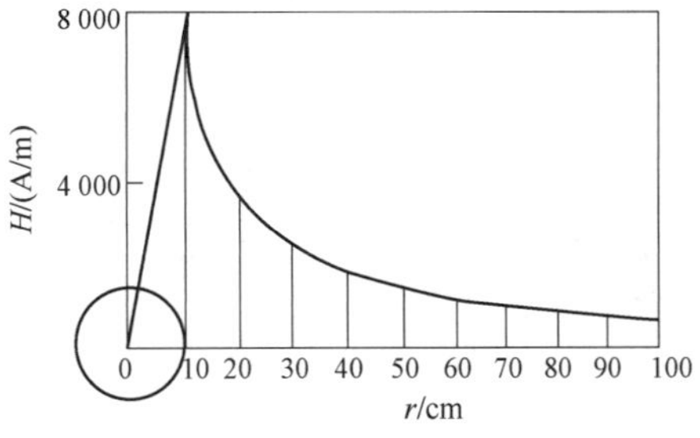

图 1-25　圆柱导体内、外和表面的磁场强度分布

2）钢棒通电法磁化

用交流电和直流电磁化同一钢棒时，磁场分布见图 1-26，其共同点是：

① 在钢棒中心处，磁场强度为零；

② 在钢棒表面，磁场强度达到最大；

③ 离开钢棒表面，磁场强度随 r 的增大而下降。

其不同点是：直流电磁化，从钢棒中心到表面，磁场强度是直线上升到最大值；交流电磁化，由于集肤效应，只有在钢棒近表面才有磁场强度，并缓慢上升，而在接近钢棒表面时，迅速上升达到最大值。

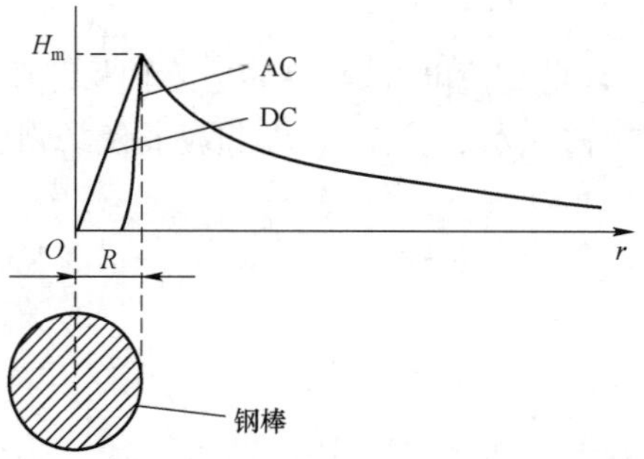

图 1-26 钢棒通交、直流电磁化的磁场强度分布

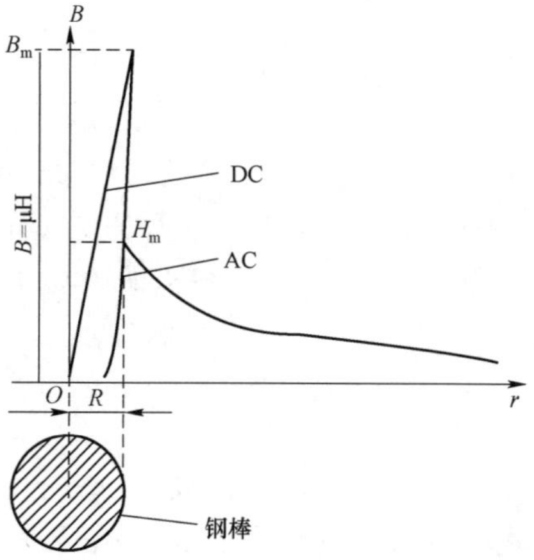

图 1-27 钢棒通交、直流电磁化的磁感应强度分布

用交流电和直流电磁化同一钢棒时，磁感应强度分布如图 1-27 所示。与图 1-26 的不同点是：

a) 由于钢棒的磁导率高，又因为 $\boldsymbol{B}=\mu\boldsymbol{H}$，所以 $\boldsymbol{B}$ 远大于 $\boldsymbol{H}$，$\boldsymbol{B}_m$ 远大于 $\boldsymbol{H}_m$；

b) 离开钢棒表面，在空气中，$\mu_r\approx1$，$\boldsymbol{B}\approx\boldsymbol{H}$，所以磁感应强度突降后与磁场强度曲线重合。

3) 钢管中的磁场

① 钢管通电法的磁场

钢管中的磁场强度分布见图 1-28，可用安培环路定律推导出如下公式：

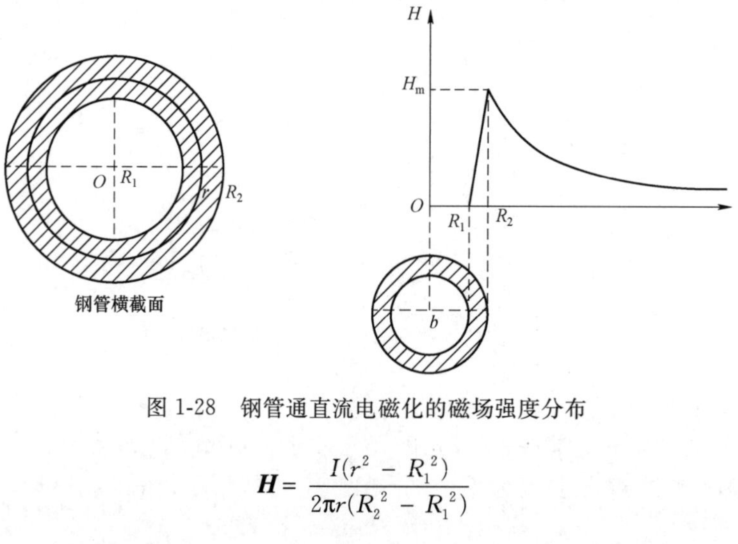

图 1-28 钢管通直流电磁化的磁场强度分布

$$\boldsymbol{H}=\frac{I(r^2-R_1^2)}{2\pi r(R_2^2-R_1^2)} \tag{1-29}$$

a）钢管外表面处：$r=R_2$，代入公式中，有

$$H = \frac{I}{2\pi R_2}$$

b）钢管外部：

$$H = \frac{I}{2\pi r}$$

② 钢管中心导体法磁化的磁场

用直流电中心导体法磁化同一钢管时，磁场强度和磁感应强度的分布如图1-29所示。从图中可以看出，在通电中心导体内、外磁场分布与图1-28相同。在钢管内是空气，由于铜棒$\mu_r \approx 1$，所以只存在磁场强度 $\boldsymbol{H}$。在钢管上由于 $\mu_r \gg 1$，所以能感应产生较大的磁感应强度。因为$\boldsymbol{H}=I/2\pi r$，钢管内半径比外半径 r 小，因而钢管内壁较外壁磁场强度和磁感应强度都大，检测灵敏度高。离开钢管外表面，在空气中，$\mu_r \approx 1$，$\boldsymbol{B} \approx \boldsymbol{H}$，所以磁感应强度突降后，与 $\boldsymbol{H}$ 曲线重合。

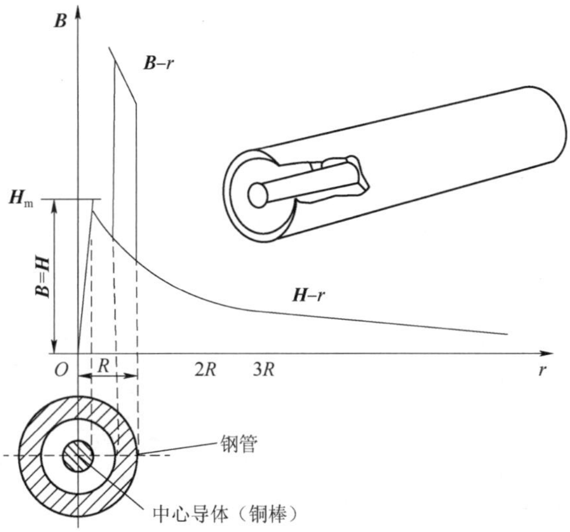

图1-29　直流电中心导体法磁化钢管的磁场强度和磁感应强度分布

4）通电线圈的磁场

① 磁场方向

在线圈中通以电流时，在线圈内产生的磁场是与线圈轴平行的纵向磁场。其方向可用右手定则确定：用右手握住线圈，使四指指向电流方向，与四指垂直的拇指所指方向就是线圈内部的磁场方向，如图1-30所示。

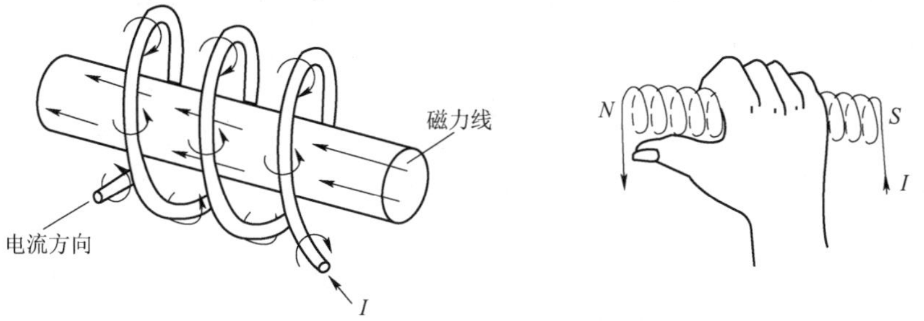

（a）　（b）

图1-30　通电线圈产生的纵向磁场

（a）通电线圈磁化；（b）右手定则

② 磁场强度计算

在图 1-31 中,空载通电线圈中心的磁场强度可用下式计算:

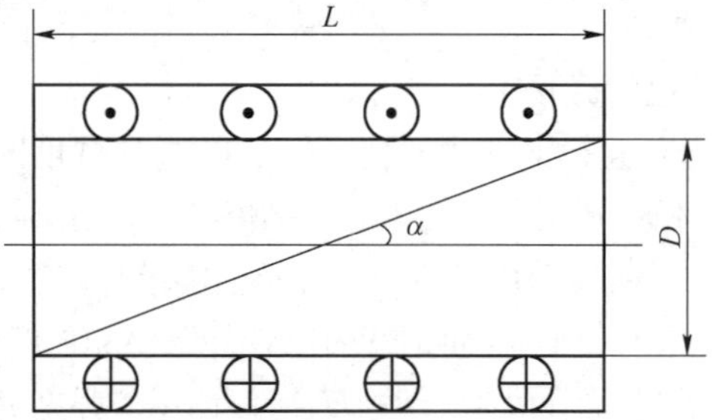

图 1-31 空载通电线圈中心的磁场强度

$$H = \frac{NI}{L}\cos\alpha = \frac{NI}{\sqrt{L^2 + D^2}} \tag{1-30}$$

式中,H——磁场强度,A/m;

N——线圈匝数;

L——线圈长度,m;

D——线圈直径,m;

α——线圈对角线与轴线的夹角。

线圈纵向磁化的磁化力一般用安匝数(IN)表示。

③ 线圈分类

a) 按通电线圈的结构分为:

➢ 用软电缆缠绕在工件上的缠绕线圈;

➢ 将绝缘导线绕在骨架内的螺管线圈。螺管线圈是具有螺旋绕组的圆筒形线圈,分单层和多层绕组两种。单层螺管线圈是单根绝缘导线均匀而紧密排列的同轴线圈;多层螺管线圈相当于若干个半径不等的同轴螺管线圈。

b) 按线圈横截面积与被检工件横截面积之比值——充填因数(也叫填充系数)分为:

➢ 低充填因数线圈—线圈横截面面积与被检工件横截面面积之比≥10 时;

➢ 中充填因数线圈—线圈横截面面积与被检工件横截面面积之比>2 并<10 时;

➢ 高充填因数线圈—线圈横截面面积与被检工件横截面面积之比≤2 时。

c)按通电线圈的长度 L 和内径 D 的比分为:

➢ 短螺管线圈($L<D$)

在短螺管线圈内部的中心轴线上,磁场分布极不均匀。中心比两端强,如图 1-32 所示。在线圈横截面上,靠近线圈内壁的磁场强度较线圈中心强,如图 1-34 所示。

➢ 有限长螺管线圈($L>D$)

在有限长螺管线圈内部的中心轴线上,磁场分布较均匀,磁感应线方向大体上与中心轴线平行,线圈两端处的磁场强度为中心的 1/2 左右,如图 1-33 所示。在线圈横截面上,靠近线圈内壁的磁场强度较线圈中心强,如图 1-34 所示。

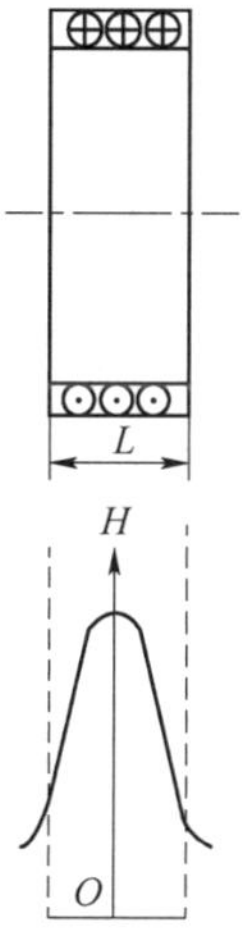

图 1-32　短螺管线圈
中心轴线上的磁场分布

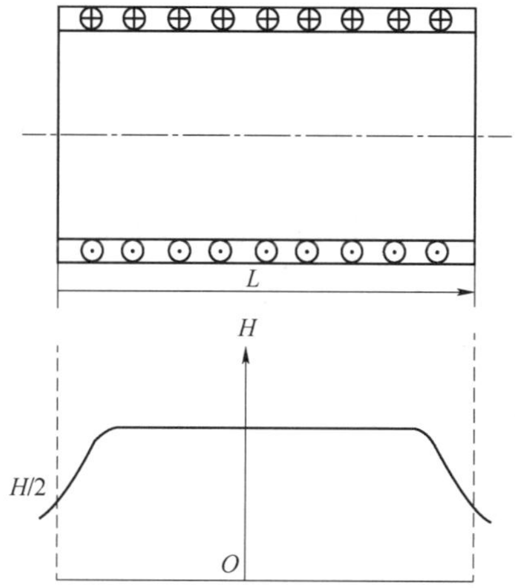

图 1-33　有限长螺管线圈
中心轴线上的磁场分布

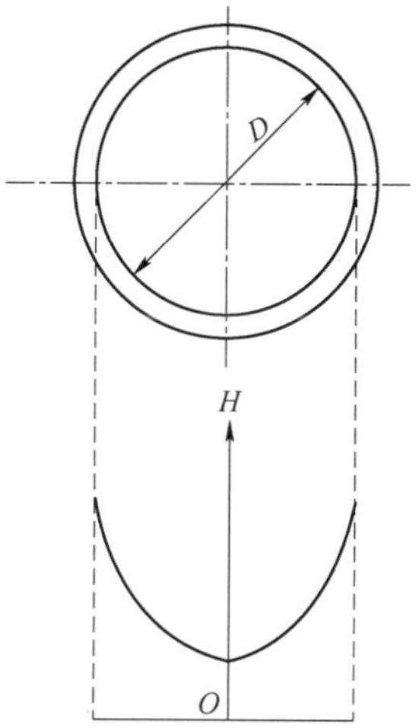

图 1-34　螺管线圈横截面
中心轴线上的磁场分布

➢ 无限长螺管线圈($L \gg D$)，或在无限远处头尾相接的线圈。

无限长螺管线圈内部磁场分布均匀，并且磁场只存在于线圈内部，磁感应线方向与线圈的中心轴线平行。

例题 1-3：一有限长螺管线圈长 500 mm，内径 300 mm，匝数为 50 匝，要求空载螺管线圈中心磁场强度至少达到 20 000 A/m，需选用多大的磁化电流？

解：$\because H = \dfrac{NI}{\sqrt{L^2 + D^2}}$

$$\therefore I = \frac{H\sqrt{L^2 + D^2}}{N}$$

式中，L=500 mm=0.5 m

D=300 mm=0.3 m

H=20 000 A/m

N=50

代入公式得：$I = \dfrac{20\,000\sqrt{0.5^2 + 0.3^2}}{50} = 232\ \text{A}$

答：需要 232 A 的磁化电流。

例题 1-4：一有限长交流磁化线圈绕 10 匝，其线圈长度为 400 mm，线圈轴线与对角线夹角为 37°(cos37°=0.8)，当磁化电流用 1 000 A 时，求空载线圈中心和线圈端面中心处的磁场强度？

解：线圈中心磁场强度 $H = \dfrac{NI}{L}\cos\alpha$ (SI 单位制)

式中，N=10 匝，I=1 000 A，L=400 mm=0.4 m，cosα=cos37°= 0.8 代入公式得

$$H = \frac{NI}{L}\cos\alpha = \frac{10 \times 1000}{0.4} \times 0.8 = 20\,000\ \text{A / m}$$

$$H=20\,000\ \text{A/m}/2=1\,000\ \text{A/m}$$

答:空载线圈中心的磁场强度为 20 000 A/m。线圈端面中心处的磁场强度大约为 10 000 A/m。

第二节 磁粉检测的特点

一、磁粉检测的适用范围

磁粉检测的适用范围如下:

(1) 适用于检测铁磁性材料。

(2) 适用于检测工件表面和近表面的裂纹、白点、发纹、折叠、疏松、冷隔、气孔和夹杂等缺陷。

(3) 适用于检测未加工的原材料和加工的半成品、成品及使用过的工件及特种设备。

(4) 适用于检测管材、棒材、板材、型材和锻钢件、铸钢件及焊接件。

二、磁粉检测的优点

磁粉检测的优点如下:

(1) 可检测出铁磁性材料或工件表面和近表面(开口或不开口)的缺陷;

(2) 能直观地显示出缺陷的位置、形状、大小和严重程度;

(3) 有很高的检测灵敏度,可检测微米级宽度的缺陷;

(4) 单个工件检测速度快、工艺简单,成本低廉,污染少;

(5) 采用合适的磁化方法,几乎可以检测到工件表面的各个部位,基本上不受工件大小和几何形状的限制;

(6) 缺陷检测重复性好;

(7) 可检测受腐蚀的表面。

三、磁粉检测的局限性

磁粉检测的局限性如下:

(1) 只适用于铁磁性材料,不能检测奥氏体不锈钢和奥氏体不锈钢焊缝及其他非铁磁性材料;

(2) 只能检测表面和近表面缺陷;

(3) 检测时灵敏度与磁化方向有很大关系,若缺陷方向与磁化方向近似平行或缺陷与工件表面夹角小于 20°,缺陷就难以发现;另外,表面浅而宽的划伤、锻造皱褶也不易发现;

(4) 受几何形状影响,易产生非相关显示;

(5) 若工件有覆盖层,将对磁粉检测有不良影响;用通电法和触头法磁化时,易产生电弧,烧伤工件;因此,电接触部位的非导电覆盖层必须打磨掉;

(6) 部分磁化后具有较大剩磁的工件需进行退磁处理。

思考题

1. 简述磁粉检测的特点。
2. 简述磁粉检测的适用范围。
3. 简述磁粉检测的优点。
4. 简述磁粉检测的局限性。
5. 简述磁性、磁体、磁极、磁力和磁场的概念。
6. 简述什么是磁场强度、磁通量和磁感应强度。
7. 什么是磁导率？在磁粉检测中,常用到哪些磁导率？
8. 影响铁磁材料磁性的主要因素有哪些？
9. 磁性材料是怎样进行分类的？各类材料有何特点？
10. 铁磁性工件磁化有哪些特点？磁粉检测是如何利用这些特点的？
11. 什么是退磁场？影响退磁场大小的因素有哪些？如何计算工件的长径比？
12. 磁感应线通过不同物质的界面时,将会发生什么现象？
13. 试叙述工件上有缺陷的地方漏磁场的形成原因？
14. 影响漏磁场的因素有哪些？它们是怎样影响漏磁场的？
15. 什么是磁化电流？常用的磁化电流有哪几种？
16. 交流电的优缺点是什么？

第二章　磁粉检测设备与器材

磁粉检测仪器(设备)按其功能可分为检测设备和测量仪器;检测设备主要分为三类:固定式、移动式和携带式磁粉探伤机;测量仪器主要为:毫特斯拉计(高斯计)、袖珍式磁强计、黑白光照度计等。

第一节　磁粉检测设备

一、检测设备

1. 固定式磁粉探伤机

固定式磁粉探伤机的体积和重量大,额定周向磁化电流一般从 1 000～10 000 A。能进行通电法、中心导体法、感应电流法、线圈法、磁轭法整体磁化或复合磁化等,适用于对中小工件的检测。还常常备有触头和电缆,以便对搬上工作台有困难的大型工件进行检测。

固定式磁粉探伤机一般包括以下几个主要部分:磁化电源、螺管线圈、工件夹持装置、指示装置、磁粉或磁悬液喷洒装置、照明装置和退磁装置等。

(1) 磁化电源

磁化电源是固定式磁粉探伤机的核心部分,它是通过调压器将不同大小的电压输送给主变压器,由主变压器提供一个低电压大电流输出,输出的交流电或整流电可直接通过工件或通过穿入工件内孔的中心导体,或者通入线圈,对工件进行磁化。

(2) 螺管线圈

固定式磁粉探伤机上应有螺管线圈,对工件进行纵向磁化,也可用以对工件退磁。

(3) 工件夹持装置

固定式磁粉探伤机都有夹持工件的磁化夹头或触头。为了适应不同规格的工件,夹头的间距是可调的,调节可用电动、手动或气动等多种形式。电动调节是利用行程电机和传动机构使夹头在导轨上来回移动,由弹簧配合夹紧工件,限位开关会使可动磁化夹头停止移动。手动调节是利用齿轮与导轨上的齿条啮合传动,使磁化夹头沿导轨移动,或用手推动磁化夹头在导轨上移动,夹紧工件后自锁。气动夹持是用压缩空气通入气缸中,推动活塞带动夹紧工件。

有些固定式磁粉探伤机的磁化夹头可沿轴旋转 360°,磁化夹头夹紧工件后一起旋转,保证工件周向各部位有相同的检测灵敏度。

在磁化夹头上应包上铅垫或铜编织网,以利接触,防止打火和烧伤工件。

(4) 指示装置

固定式磁粉探伤机的指示装置主要指电流表和电压表,还有 ϕ 表和 H 表。

电流表又称安培表，分为直流电流表和交流电流表。交流电流表与互感器连接，测量交流磁化电流的有效值。直流电流表与分流器连接，测量直流磁化电流的平均值。

一般对于额定周向磁化电流大于 2 000 A 的电流表，为了准确反映低安培电流值，刻度应分为 0～1 000 A 低量程和 1 000 A 至额定周向磁化电流（如 10 000 A）高量程两档读数。数字电流表不需分档。

有些固定式磁粉探伤机上装有表示可控硅导通角（移相角）的 ϕ 表，表示大致的磁化电流值。还有一些老设备上装有表示螺管线圈空载时中心磁场强度（用奥斯特 Oe 为单位）的 H 表。

（5）磁粉和磁悬液喷洒装置

固定式磁粉探伤机的磁悬液喷洒装置由磁悬液槽、电动泵、软管和喷嘴组成。磁悬液槽用于贮存磁悬液，并通过电动泵叶片将槽内磁悬液搅拌均匀，依靠泵的压力（一般为 0.2～0.3 kgf/cm^2）使磁悬液通过软管从喷嘴喷洒到工件上。

在磁悬液槽的上方装有格栅，用于摆放工件和滴落回收磁悬液。为防止铁屑杂物进入磁悬液槽内，在回流口上装有过滤网。

（6）照明装置

磁粉检测照明装置主要有日光灯和黑光灯。

使用非荧光磁粉检测时，被检工件表面应有充足的自然光或日光灯照明，被检工件表面可见光照度应不小于 1 000 lx，并应避免强光和阴影。现场检测可用便携式手提灯照明，被检工件表面可见光照度应不低于 500 lx。

使用荧光磁粉检测时使用黑光灯照明，被检工件表面的黑光辐照度应大于或等于 1 000 $\mu W/cm^2$。黑光灯型式有灯泡型及灯管型等多种，但不管哪种都应对黑光灯的紫外辐照度进行必要的控制与测量，当采用合适的紫外辐照计进行测量时，在距灯源 400 mm 处的紫外辐照度应不低于 10 W/m^2。建议采用较大功率黑光灯，因其辐照面积也较大，照射比较均匀，更有利于观察。

近年来，国外黑光灯发展很快，能在白光下进行观察的超强度的黑光灯已经面世，一些适用于多种用途的紫外线灯也广泛使用，如：强度达 100 W/m^2、照射面积达 600 mm×25 mm 的强功率灯，自镇流、自滤色、带冷却风扇、交直流两用、无镇流器以及冷光源的紫外线灯都已出现，极大地满足了各种检测工作的需要。

对黑光灯的测量方法如下：将带有探测器的辐射照度计，放置于灯正前表面 400 mm 处。如果在此距离内读数超过表的满刻度，则应加大测试距离，使读数近似在 2/3 刻度处。然后移动探测器，使其平面垂直于灯光束轴线，直至获得最大读数为止，记录下辐射照度计上的读数。在测试时应注意，测试前黑光灯开启时间应不少于 5 min。测试地点的环境照度应不超过 20 lx 的可见光。并且灯的滤光板和探测器应保证无污染。

（7）退磁装置

退磁装置应保证被磁化工件上的剩磁减小到不防碍使用程度的要求。

2. 移动式磁粉探伤机

移动式磁粉探伤机额定周向磁化电流一般从 500～8 000 A。主体是磁化电源，可提供交流和单相半波整流电的磁化电流。附件有触头、夹钳、开合和闭合式磁化线圈及软电缆等，能进行触头法、夹钳通电法和线圈法磁化。这类设备一般装有滚轮可推动，或吊装在车上拉到检测现场，对大型工件检测。

3. 携带式磁粉探伤机

携带式磁粉探伤机具有体积小、重量轻和携带方便的特点，额定周向磁化电流一般从500～2 000 A。适用于现场、高空和野外检测，一般用于检测承压设备的焊缝，以及对飞机、火车、轮船的现场检测或对大型工件的局部检测。常用的仪器有带电极触头的小型磁粉探伤机，电磁轭，交叉磁轭或永久磁铁等。仪器手柄上装有微型电流开关，控制通、断电和自动衰减退磁。

二、测量仪器

磁粉检测中涉及到磁场强度、剩磁大小、白光照度和黑光辐照度等的测量，因而还应有一些测量设备。

1. 毫特斯拉计（高斯计）

当电流垂直于外加磁场方向通过半导体时，在垂直于电流和磁场方向的物体两侧产生电势差，这种现象称为霍尔效应。毫特斯拉计是利用霍尔元件制造的测量磁场强度的仪器。它的探头是一只霍尔元件。当与被测磁场中磁感应强度的方向垂直时，霍尔电势差最大，因此，在测量时要转动探头，使表头指针的指示值达到最大时读数。国产仪器有 GD-3 型和 CT-3 型毫特斯拉计等。

2. 袖珍式磁强计

袖珍式磁强计是利用力矩原理做成的简易测磁仪，它有两个永磁体，一个是固定的，用于调零；另一个是活动的，用于测量。活动永磁体在外磁场和回零永磁体的双重磁场力作用下将发生偏转，带动指针停留在一定位置，指针偏转角度大小表示了外磁场的大小。

袖珍式磁强计主要用于工件退磁后剩磁大小的快速直接测量，也可用于铁磁性材料工件在检测、加工和使用过程中剩磁的快速测量。使用时，为消除地磁场的影响，工件应沿东西方向放置，将磁强计上箭头指向方向的一侧，紧靠工件被测部位，指针偏转大小代表剩磁大小。

注意：袖珍式磁强计不能用于测量强磁场，也不准放入强磁场影响区，以防精度受到影响。

3. 照度计

照度计用于测量被检工件表面的可见光照度。

4. 黑光辐照计

UV-A 型黑光辐照计用于测量波长范围为 320～400 nm，峰值波长约为 365 nm 的黑光辐照度。单位是：瓦［特］每平方米（W/m^2）或微瓦每平方厘米（$\mu W/cm^2$），$1\ W/m^2=100\ \mu W/cm^2$。

黑光辐照计由测光探头和读数单元两部分组成、探头的传感器是硅光电池器件，具有性能稳定的特点。探头的滤光片是特殊研制的优质紫外滤光片，能理想地屏蔽黑光以外的杂光。读数用数字表显示。

第二节　磁粉、载液及磁悬液

一、磁粉

磁粉是显示缺陷的重要手段，磁粉质量的优劣和选择是否恰当，将直接影响磁粉检测结果，所以，检测人员对作为磁场传感器的磁粉应进行全面了解和正确使用。

磁粉的种类很多，按磁痕观察，磁粉分为荧光磁粉和非荧光磁粉；按施加方式，磁粉分为湿法用磁粉和干法用磁粉。

1. 荧光磁粉

在黑光下观察磁痕显示的磁粉称为荧光磁粉。荧光磁粉是以磁性氧化铁粉、工业纯铁粉或羰基铁粉为核心，在铁粉外面用环氧树脂粘附一层荧光染料(如 YC2 荧光磁粉)或将荧光染料化学处理在铁粉表面而制成。

磁粉的颜色、荧光亮度及与工件表面颜色的对比度，对磁粉检测灵敏度都有很大的影响。由于荧光磁粉在黑光照射下，能发出波长范围在 510～550 nm 对人眼接受最敏感色泽鲜明的黄绿色荧光，与工件表面颜色的对比度也高，适用于任何颜色的受检表面，容易观察，因而检测灵敏度高，还能提高检测速度。所以在国外都已普遍使用。但荧光磁粉一般只适用于湿法检测。

对在用承压设备进行磁粉检测时，如制造时采用高强度钢以及对裂纹(包括冷裂纹、热裂纹和再热裂纹)敏感的材料，或是长期工作在腐蚀介质环境下，有可能发生应力腐蚀裂纹的场合，其内壁宜采用荧光磁粉方法进行检测。

2. 非荧光磁粉

在可见光下观察磁痕显示的磁粉称为非荧光磁粉。常用的有四氧化三铁(Fe_3O_4)黑磁粉和 γ 三氧化二铁(γ-Fe_2O_3)红褐色磁粉，还有蓝磁粉、白磁粉，所以也叫彩色磁粉。前两种磁粉既适用于湿法，又适用于干法。以工业纯铁粉等为原料，用黏合剂包覆制成的白磁粉或经氧化处理的蓝磁粉等非荧光的彩色磁粉只适用于干法。

3. 湿法用磁粉

湿法用磁粉是将磁粉悬浮在油或水载液中喷洒到工件表面的磁粉。

4. 干法用磁粉

干法用磁粉是将磁粉在空气中吹成雾状喷撒到工件表面的磁粉。

二、磁粉的性能

磁粉检测是靠磁粉聚集在漏磁场处形成的磁痕显示缺陷的，磁痕显示程度不仅与缺陷性质、磁化方法、磁化规范、磁粉施加方式、工件表面状态和照明条件等有关，还与磁粉本身的性能如磁特性、粒度、形状、流动性、密度和识别度有关，因此了解和选择性能好的磁粉十分重要。

1. 磁特性

磁粉的磁特性与磁粉被漏磁场吸附形成磁痕的能力有关。磁粉应具有高磁导率、低矫顽力和低剩磁。高磁导率的磁粉容易被缺陷产生的微小漏磁场磁化和吸附，聚集起来便于识别。如果磁粉的矫顽力和剩磁大，磁化后，磁粉形成磁极，彼此吸引聚集成团不容易分散开，磁粉也会被吸附到工件表面不易去除，形成过度背景，甚至会掩盖相关显示。若磁粉吸附在管道上，还会使油路堵塞。干法检测中，第一次磁化后的磁粉若被吸附在最初接触的工件表面上，使磁粉移动性变差，难以为缺陷处微弱的漏磁场吸附，同样也会形成过度背景，影响缺陷辨认。

2. 粒度

磁粉的粒度也就是磁粉颗粒的大小，粒度的大小对磁粉的悬浮性和漏磁场对磁粉的吸附能力都有很大的影响。

选择适当的磁粉粒度时，应考虑缺陷的性质、尺寸、埋藏深度及磁粉的施加方式。

湿法用磁粉包括荧光磁粉和非荧光磁粉。检测工件表面微小缺陷时，宜选用粒度细小的湿法用磁粉，因为细磁粉悬浮性好，容易被小缺陷产生的微小漏磁场磁化和吸附，形成的磁痕显示线条清晰，定位准确。干法用磁粉一般不用荧光磁粉，而用非荧光磁粉(包括彩色磁粉)用于检测工件表面和近表面大的缺陷。检测时宜选用粒度较粗一点的干法用磁粉，因为粗磁粉在空气中容易分散开，也容易搭接跨过大缺陷，磁导率又较细磁粉的高，因而搭接起来容易磁化和形成磁痕显示，并减少粉尘的影响。

在实际应用中，要求发现各种大小不同的缺陷，也要求发现工件表面和近表面的缺陷，所以应使用含有各种粒度的磁粉，这样对于各类缺陷可获得较均衡的灵敏度。因为粒度细小的磁粉用于提高检测细小缺陷的灵敏度，但又不能全部由细小粒度的磁粉组成，第一，细小磁粉容易粘在有油污、潮湿、指纹和凹凸不平处形成过度背景。第二，检测环境粉尘飞扬，对检测人员极不安全。对于干法用磁粉，粒度范围为 10～50 μm，最大不超过 150 μm。对于湿法用的黑磁粉和红磁粉，粒度宜采用 5～10 μm，粒度大于 50 μm 的磁粉，不能用于湿法检测，因为它很难在磁悬液中悬浮，粗大磁粉在磁悬液流动过程中，还会滞留在工件表面干扰相关显示。而粒度过细的磁粉在使用中，它们会聚集在一起起作用。荧光磁粉因表面有包覆层，所以粒度不可能太小，一般在 5～25 μm 之间，但这并不意味着检测灵敏度的降低，因为荧光磁粉的可见度、对比度和分辨力高，所以仍能获得高的灵敏度。

3. 形状

磁粉有各种各样的形状，如条形、椭圆形、球形或其他不规则的颗粒形状。

一般说来，条形磁粉(长径比大)容易磁化并形成磁极，因而较容易被漏磁场吸附，有利于检测大缺陷和近表面缺陷，因为这类缺陷的漏磁场分散，聚集成磁粉链条才容易形成磁痕。但如果完全由条形磁粉组成，磁粉的流动性不好，磁粉严重聚集还会导致灵敏度下降。对于干法用磁粉，条形磁粉相互吸引还会影响喷撒和磁痕显示形成。

球形磁粉能提供良好的流动性，但由于退磁场的影响不容易被漏磁场磁化，但空心球形磁粉能跳跃着向漏磁场聚集。

为了使磁粉既有良好的磁吸附性能，又有良好的流动性，所以理想的磁粉应由一定比例的条形、球形和其他形状的磁粉混合在一起使用。

4. 流动性

为了能有效地检出缺陷，磁粉必须能在受检工件表面流动，以便被漏磁场吸附形成磁痕显示。

在湿法检测中，是利用磁悬液的流动带动磁粉向漏磁场处流动。在干法检测中，是利用微风吹动磁粉，并利用交流电不断换向使磁场也不断换向，或利用单相半波整流电产生的单方向脉冲磁场带动磁粉变换方向促进磁粉流动。由于其他直流电磁场方向不改变，不能带动磁粉变换方向，所以直流电不能用于干法检测。

5. 密度

磁粉的密度，（当比重单位为 kg/m^3 时，应称为密度）。湿法用黑磁粉和红磁粉的密度约为 4.5 g/cm^3，干法用纯铁粉的密度约为 8 g/cm^3，空心球形磁粉的密度为 0.71～2.3 g/cm^3，荧光磁粉的密度除与采用的铁磁粉原料有关，还与磁粉、荧光染料和黏结剂的配比有关。

磁粉的密度对检测结果有一定的影响，因为在湿法检测中，磁粉的密度大，易沉淀，悬浮性差；在干法检测中，密度大，则要求吸附磁粉的漏磁场要大。密度大小与材料磁特性也有关，所以应综合考虑。

6. 识别度

识别度系指磁粉的光学性能，包括磁粉的颜色、荧光亮度及与工件表面颜色的对比度。对于非荧光磁粉，只有磁粉的颜色与工件表面的颜色形成很大对比度时，磁痕才容易观察到，缺陷才容易发现；对于荧光磁粉，在黑光下观察时，工件表面呈紫色，只有微弱的可见光本底，磁痕呈黄绿色，色泽鲜明，能提供最大的对比度和亮度。由于工件表面覆盖着一层荧光磁悬液，就会产生微弱的荧光本底，因此荧光磁悬液的浓度不宜太高，大约为非荧光磁悬液浓度的十分之一。

总的来说，影响磁粉使用性能的因素有以上六个方面，但这些因素又是相互关联、相互制约的，如果孤立地追求某一方面而排斥另一方面，甚至可能导致试验的失败。如磁性称量法只反映了磁粉的磁特性，光凭磁性称量法称出磁粉样品几克为合格而忽略其他影响因素，实践证明不是完全可靠的。最根本的办法应通过综合性能（系统灵敏度）试验的结果来衡量磁粉的性能。

三、载液

对于湿法磁粉检测，用来悬浮磁粉的液体称为载液，磁粉检测常用油基载液和水载液。

1. 油基载液

（1） 磁粉检测用油基载液是具有高闪点、低黏度、无荧光和无臭味的煤油。

（2） 磁粉检测油基载液验收试验，要求测定闪点、运动粘度、荧光和气味。

（3） 磁粉检测油基载液推荐使用 LPW-3 号油（尤其荧光磁粉油磁悬液）。但绝对不允许使用低闪点的煤油载液。

（4） 油基载液优先用于如下场合：

1） 对腐蚀应严加防止的某些铁基合金（如精加工的某些轴承和轴承套）；

2） 水可能会引起电击的地方；

3） 在水中浸泡可引起氢脆或腐蚀的某些高强度钢和金属材料。

2. 水载液

水不能单独作为载液使用，因为磁粉检测水载液必须在水中添加润湿剂、防锈剂，必要时还要添加消泡剂，保证水载液具有合适的润湿性、分散性、防腐蚀性、消泡性和稳定性。

用水作载液的优点是水不易燃、黏度小。但不适用于在水中浸泡可引起氢脆的某些高强度合金钢。

四、磁悬液

磁粉和载液按一定比例混合而成的悬浮液体称为磁悬液。

1. 磁悬液浓度

每升磁悬液中所含磁粉的重量(g/L)或每 100 mL 磁悬液沉淀出磁粉的体积(mL/100 mL)称为磁悬液浓度。前者称为磁悬液配制浓度,后者称为磁悬液沉淀浓度。

磁悬液浓度对显示缺陷的灵敏度影响很大,浓度不同,检测灵敏度也不同。浓度太低,影响漏磁场对磁粉的吸附量,磁痕不清晰会使缺陷漏检;浓度太高,会在工件表面滞留很多磁粉,形成过度背景,甚至会掩盖相关显示。所以国内、外标准都对磁悬液浓度严格控制在一定范围内。

磁悬液浓度大小的选用与磁粉的种类、粒度、施加方式和工件表面状态等因素有关,磁悬液浓度要求(见表 2-1)。

表 2-1 磁悬液浓度

磁粉类型	配制浓度/(g/L)	沉淀浓度(含固体量)/(mL/100 mL)
非荧光磁粉	10～25	1.2～2.4
荧光磁粉	0.5～3.0	0.1～0.4

磁悬液浓度使用配制浓度和沉淀浓度,是考虑到承压设备行业的特点,绝大多数磁悬液是一次性使用,采用配制浓度(g/L),方法简单实用,磁粉用量明确。同时又考虑到一些工件需在固定式磁粉探伤机上检测时,磁悬液可循环使用,因而还规定了用梨形沉淀浓度(mL/100 mL)较为方便,简捷可行。

对光亮工件检测,应采用黏度和浓度都大一些的磁悬液进行检测。对表面粗糙的工件,应采用黏度和浓度小的磁悬液进行检测。对细牙螺纹根部缺陷的检测,应采用荧光磁粉。

2. 磁悬液配制

(1) 油磁悬液配制

先取少量的油基载液与磁粉混合,让磁粉全部润湿,搅拌成均匀的糊状,再按比例加入余下的油基载液,搅拌均匀即可。

(2) 水磁悬液配制

水磁悬液有非荧光磁粉水磁悬液和荧光磁粉水磁悬液两种,荧光磁粉磁悬液的水载液应严格选择和进行试验,不应使荧光磁粉结团、溶解、剥离或变质。

(3) 磁膏水磁悬液的配制

一般在现场检测时,有时采用磁膏配制水磁悬液。由于磁膏中含有磁粉、润湿剂和防腐蚀剂等,所以可与水直接配制。

配制方法:先取少量的水,在水中挤入磁膏后搅拌成稀糊状,再按比例加入水后搅拌均匀即可。

使用时,除应进行综合性能试验外,还必须测量磁悬液的浓度和进行水断试验。

(4) 磁悬液喷罐

将配制合格的磁悬液装进喷罐中,使用时只需轻轻摇动喷罐,将磁悬液搅拌均匀,充磁时就可以直接喷洒。检测前先用标准试片进行综合性能试验,合格后即可检测。使用喷罐,方便快捷,特别适合高空、野外和仰视检测,尤其在承压设备行业应用非常广泛。

第三节 反差增强剂

一、应用

在表面粗糙的焊接件或铸钢件等磁粉检测时,由于工件表面凹凸不平,或者由于磁粉颜色与工件表面颜色对比度很低,会使缺陷难以检出,容易造成漏检。为了提高缺陷磁痕与工件表面颜色的对比度,检测前,可在工件表面上先涂上一层白色薄膜,厚度为 25～45 μm,干燥后再磁化工件,喷洒黑磁粉磁悬液,其磁痕就清晰可见。这一层白色薄膜就叫作反差增强剂。

二、施加及清除

施加反差增强剂,整个工件检测可用浸涂法,局部检测可用喷涂或刷涂法。

清除反差增强剂,可用工业丙酮与稀释剂 x-1 按 3:2 配制的混合液浸过的棉纱擦洗,或将整个工件浸入该混合液中清洗。

三、反差增强剂喷罐

反差增强剂喷罐具有使用方便,涂层成膜迅速均匀,附着力强,颜色洁白,无强刺激性气味等优点,检测时要应用经过质量认证的、性能好的反差增强剂喷罐。

第四节 标准试片和标准试块

一、标准试片

1. 用途

标准试片,以下简称试片,是磁粉检测必备的器材之一,具有以下用途:

(1) 用于检测磁粉检测设备、磁粉和磁悬液的综合性能(系统灵敏度);

(2) 用于检测被检工件表面的磁场方向,有效磁化区和大致的有效磁场强度;

(3) 用于考察所用的检测工艺规程和操作方法是否妥当;

(4) 几何形状复杂的工件磁化时,各部位的磁场强度分布不均匀,无法用经验公式计算磁化规范,磁场方向也难以估计时,将小而柔软的试片贴在复杂工件的不同部位,可大致确定较理想的磁化规范。

2. 分类

在我国使用的有 A1 型、C 型、D 型和 M1 型四种试片。型号名称中的分数中，分子表示试片人工缺陷槽的深度，分母表示试片的厚度，单位为 μm。试片类型、名称和图形如表 2-2 所示。

表 2-2 标准试片类型、规格和图形

类型	规格：缺陷槽深/试片厚度/μm		图形和尺寸/mm
A1 型	A1：7/50		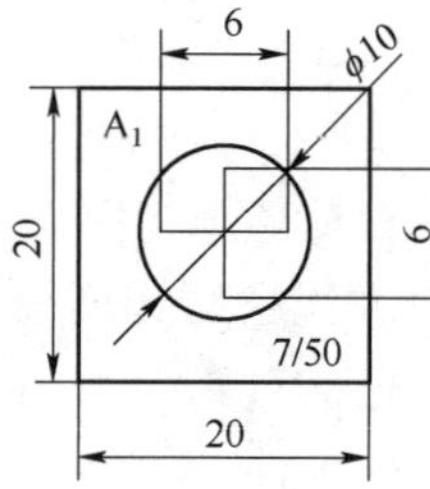
	A1：15/50		
	A1：30/50		
	A1：15/100		
	A1：30/100		
	A1：60/100		
C 型	C：8/50		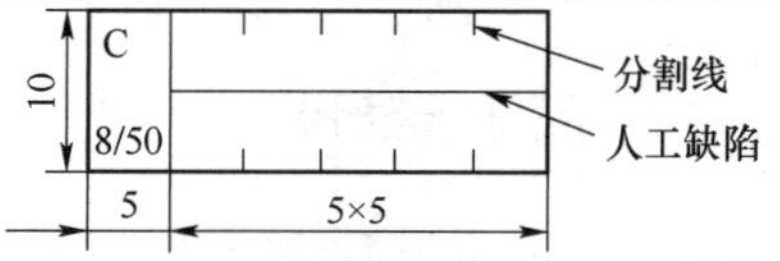
	C：15/50		
D 型	D：7/50		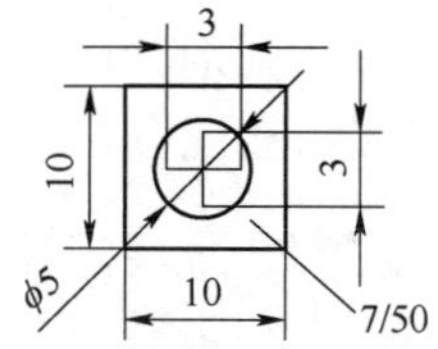
	D：15/50		
M1 型	ϕ12	7/50	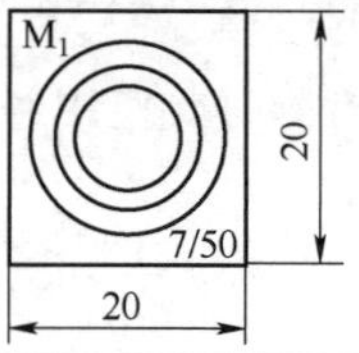
	ϕ9	15/50	
	ϕ6	30/50	

注：C 型标准试片可以剪成 5 个小试片分别使用。

3. 使用

M1 型多功能试片，是将三个槽深各异而间隔相等的人工刻槽，以同心圆形式做在同一试片上，其三种槽深分别与 A1 型试片的三种型号的槽深相同，这种试片可一片多用，观察磁痕显示差异直观，能更准确地推断出被检工件表面的磁化状态。

(1) 试片只适用于连续法检测，用连续法检测时，检测灵敏度几乎不受被检工件材质的影响，仅与被检工件表面磁场强度有关。承压设备磁粉检测时，一般应选用 A1：30/100 的试片，灵敏度要求高时，可选用 A1：15/100 的试片。应注意：试片不适用于剩磁法检测。

(2) 根据工件检测面的大小和形状，选取合适的试片类型。检测面大时，可选用 A1 型。检测面窄小或表面曲率半径小时，可选用 C 型或 D 型，C 型试片可剪成 5 个小试片单独使用。

(3) 根据工件检测所需的有效磁场强度，选取不同灵敏度的试片。需要有效磁场强度较小时，选用分数值较大的低灵敏度标准试片，需要有效磁场强度较大时，选用分数值较小的高灵敏度标准试片。

(4) 试片表面锈蚀或有褶纹时，不得继续使用。

(5) 使用试片前，应用溶剂清洗防锈油。如果工件表面贴试片处凹凸不平，应打磨平，并除去油污。

(6) 将试片有槽的一面与工件受检面接触，用透明胶纸靠试片边缘贴成“#”字形，并贴紧(间隙应小于 0.1 mm)，但透明胶纸不得盖住有槽的部位。

(7) 也可选用多个试片，同时分别贴在工件上不同的部位，可看出工件磁化后，被检表面不同部位的磁化状态或灵敏度的差异。

(8) 用完试片后，可用溶剂清洗并擦干。干燥后涂上防锈油，放回原装片袋保存。

二、标准试块

1. 用途

标准试块主要适用于检测磁粉检测设备、磁粉和磁悬液的综合性能(系统灵敏度)，也用于考察磁粉检测的试验条件和操作方法是否恰当，还可用于检测各种磁化电流及在大小不同时产生的磁场在标准试块上大致的渗入深度。

标准试块不适用于确定被检工件的磁化规范，也不能用于考察被检工件表面的磁场方向和有效磁化区。

2. 分类

标准试块也是磁粉检测必备的器材之一，以下简称试块。

我国目前使用的直流试块，又叫 B 型标准试块。使用的交流试块，又叫 E 型标准试块。使用的磁场指示器，又称八角形试块。另外也用自然缺陷标准样件。

(1) B 型标准试块

B 型试块的形状和尺寸如图 2-1 所示。材料为经退火处理的 9CrWMn 钢锻件，其硬度为 90～95 HRB。B 型标准试块外形如图 2-2 所示。

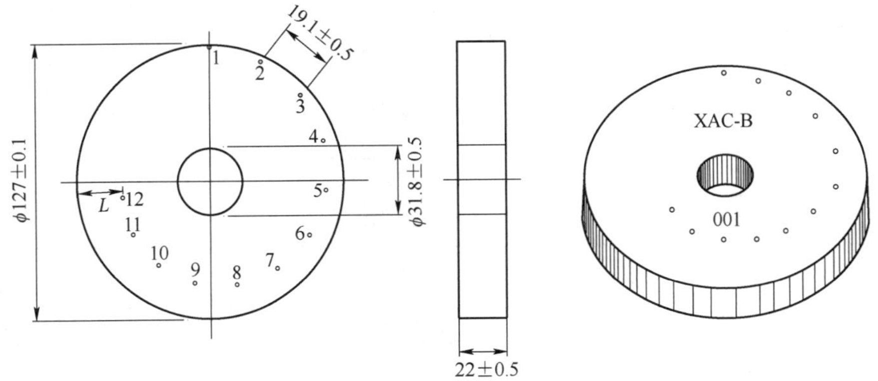

图 2-1 国家标准样品 B 型标准试块的形状和尺寸

表 2-3 孔的直径及孔心距环外缘尺寸

孔 号	1	2	3	4	5	6	7	8	9	10	11	12
通孔中心距外缘距离 L/mm	1.78	2.56	5.33	7.11	8.89	10.67	12.45	14.22	16.00	17.78	19.56	21.34

注：(1) 12 个通孔直径 D 为 $\phi 1.78 \pm 0.08$ mm。

(2) 通孔中心距外缘距离 L 的尺寸公差为 ± 0.08 mm。

图 2-2 国家标准样品 B 型标准试块

(2) E 型标准试块

E 型标准试块的形状和尺寸如图 2-3 所示。材料为经退火处理的 10$^{\#}$锻钢件。

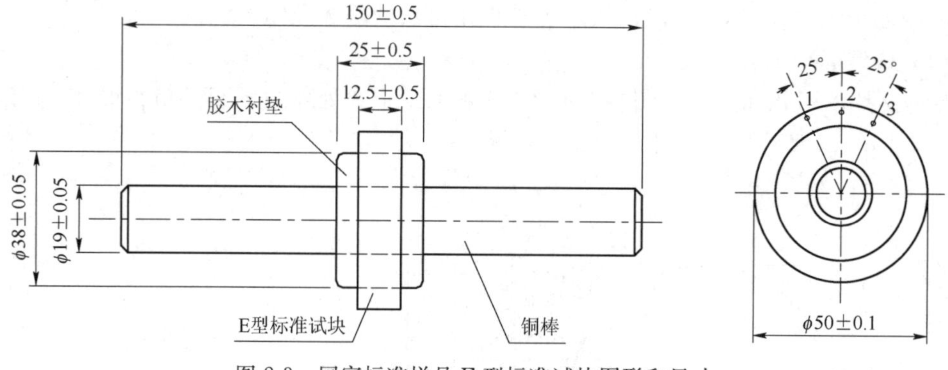

图 2-3 国家标准样品 E 型标准试块图形和尺寸

表 2-4 孔的直径及孔心距环外缘尺寸

孔号	1	2	3
通孔中心距外缘距离	1.5 mm	2.0 mm	2.5 mm
通孔直径	$\phi 1$ mm		

注：(1) 3 个通孔直径为 $\phi 1.0 \pm^{0.08}_{0.05}$ mm 。

(2) 通孔中心距外缘距离公差为 ± 0.05 mm。

(3) 磁场指示器

磁场指示器是用电炉铜焊将 8 块低碳钢与铜片焊在一起构成的,有一个非磁性手柄,所以又叫八角试块,如图 2-4 所示。由于这种试块刚性较大,不可能与工件表面(尤其曲面)很好贴合,难以模拟出真实工件表面状况,所以磁场指示器只能作为了解工件表面的磁场方向和有效磁化范围的粗略校验工具,而不能作为磁场强度和磁场分布的定量测试。但比标准试片经久耐用,操作简便。

使用时,将磁场指示器铜面朝上,八块低碳钢面朝下,紧贴被检工件表面,用连续法检测,给磁场指示器上施加磁粉,观察磁痕显示。

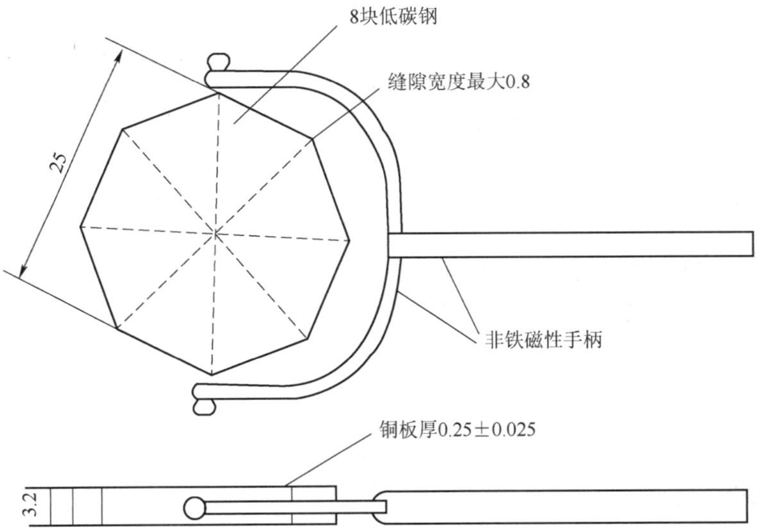

图 2-4　磁场指示器

思考题

1. 简述磁粉检测设备的分类。
2. 简述磁粉检测设备主要组成部分及主要作用。
3. 简述毫特斯拉计、袖珍式磁强计、黑光辐照计的用途。
4. 怎样选择磁粉检测设备?
5. 磁粉探伤机的维护和保养应注意哪些问题?
6. 磁粉有哪几种? 主要性能有哪些?
7. 用于磁粉检测的载液有哪几种? 对它们有什么要求?
8. 磁粉检测中对观察条件有什么要求?
9. 使用黑光灯应注意哪些问题?
10. 标准试片和试块的主要用途有哪些?

第三章　磁粉检测技术

第一节　磁化方法

磁粉检测的能力，取决于施加磁场的大小和缺陷的延伸方向，还与缺陷的位置、大小和形状等因素有关。工件磁化时，当磁场方向与缺陷延伸方向垂直时，缺陷处的漏磁场最大，检测灵敏度最高。当磁场方向与缺陷延伸方向夹角为45°时，缺陷可以显示，但灵敏度降低。当磁场方向与缺陷延伸方向平行时，不产生磁痕显示，发现不了缺陷。

为了能检出各个方向的缺陷，通常对同一部位需要进行互相垂直的两个方向磁化。一是要有足够的磁场强度，二是要尽量使磁场方向与缺陷方向垂直，这样才能获得最大的缺陷漏磁场，易于形成磁痕，从而确保缺陷不漏检。

因此，针对检测对象检测范围需要进行两个方向上的磁化，即纵向（轴向）磁化和横向（周向）磁化。

根据工件的几何形状、尺寸大小和欲发现缺陷的方向而在工件上建立的磁场方向，将磁化方法一般分为：周向磁化、纵向磁化和多向磁化。

一、周向磁化

是指给工件直接通电，或者使电流通过贯穿空心工件孔中的导体，旨在工件中建立一个环绕工件的并与工件轴垂直的周向闭合磁场，用于发现与工件轴平行的纵向缺陷。

二、纵向磁化

是指将电流通过环绕工件的线圈，沿工件纵长方向磁化的方法，工件中的磁感应线平行于线圈的中心轴线。用于发现与工件轴向垂直的周向缺陷（横向缺陷）。利用电磁轭和永久磁铁磁化，使磁感应线平行于工件纵轴的磁化方法亦属于纵向磁化。

将工件置于线圈中进行纵向磁化，称为开路磁化，开路磁化在工件两端产生磁极，因而产生退磁场。

电磁轭整体磁化、电磁轭或永久磁铁的局部磁化，称为闭路磁化，闭路磁化不产生退磁场或退磁场很小。

三、多向磁化（也叫复合磁化）

多向磁化是指通过复合磁化，在工件中产生一个大小和方向随时间成圆形、椭圆形或螺旋形轨迹变化的磁场。因为磁场的方向在工件上不断地变化着，所以可发现工件上多个方向的缺陷。

四、各种磁化方法的特点

磁化工件的顺序，一般是先进行周向磁化，后进行纵向磁化，如果一个工件上横截面尺寸不等，周向磁化时，电流值分别计算，先磁化小直径，后磁化大直径。

1. 轴向通电法

（1）轴向通电法是将工件夹于探伤机的两磁化夹头之间，使电流从被检工件上直接流过，在工件的表面和内部产生一个闭合的周向磁场，用于检测与磁场方向垂直、与电流方向平行的纵向缺陷。如图 3-1 所示，是最常用的磁化方法之一。

将磁化电流沿工件轴向通过的磁化方法称为轴向通电法，简称通电法；电流垂直于工件轴向通过的方法，称为直角通电法；若工件不便于夹持在探伤机两夹头之间时，可采用夹钳通电法，如图 3-2 所示，此法不适用大电流磁化。

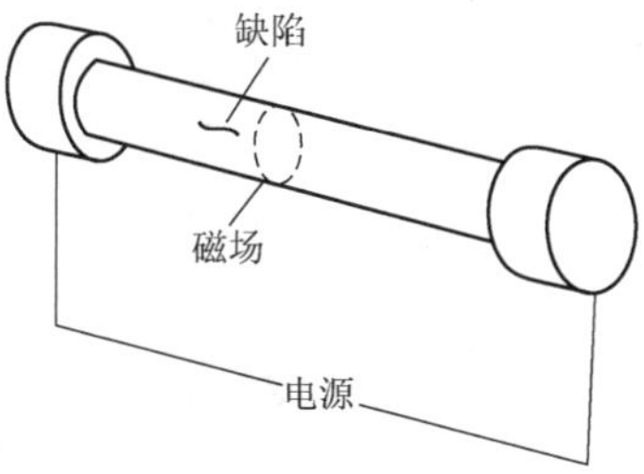

图 3-1　轴向通电法

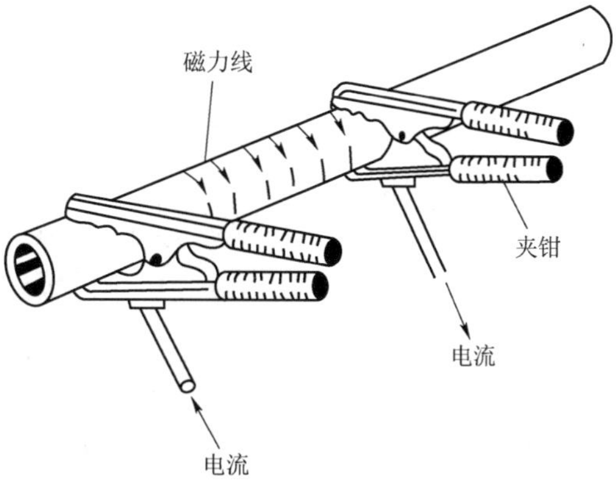

图 3-2　直角通电法

（2）轴向通电法和触头法产生打火烧伤的原因是：

1）工件与两磁化夹头接触部位有铁锈、氧化皮及脏物；

2）磁化电流过大；

3）夹持压力不足；

4）在磁化夹头通电时夹持或松开工件。

（3）预防打火烧伤的措施是：

1）清除掉与电极接触部位的铁锈、油漆和非导电覆盖层；

2）必要时应在电极上安装接触垫，如铅垫或铜编织垫，应当注意，铅蒸汽是有害的，使用时应注意通风，最好采用铝或钢的编织管触头或衬垫，而不用铜来作支杆电极触头；

3）磁化电流应在夹持压力足够时接通；

4）必须在磁化电流断电时夹持或松开工件；

5）用合适的磁化电流磁化。

（4）轴向通电法的优点、缺点和适用范围

1）轴向通电法的优点：

① 无论简单或复杂工件，一次或数次通电都能方便地磁化；

② 在整个电流通路的周围产生周向磁场,磁场基本上都集中在工件的表面和近表面;

③ 两端通电,即可对工件全长进行磁化,所需电流值与长度无关;

④ 磁化规范容易计算;

⑤ 工件端头无磁极,不会产生退磁场;

⑥ 用大电流可在短时间内进行大面积磁化;

⑦ 工艺方法简单,检测效率高;

⑧ 有较高的检测灵敏度。

2) 轴向通电法的缺点:

① 接触不良会产生电弧烧伤工件;

② 不能检测空心工件内表面的不连续性;

③ 夹持细长工件时,容易使工件变形。

轴向通电法适用于承压设备实心和空心工件的焊缝、机加工件、轴类、管子、铸钢件和锻钢件的磁粉检测。

2. 中心导体法

(1) 中心导体法是将导体穿入空心工件的孔中,并置于孔的中心,电流从导体上通过,形成周向磁场。所以又叫电流贯通法、穿棒法和芯棒法。由于是感应磁化,可用于检测空心工件内、外表面与电流平行的纵向不连续性和端面的径向的不连续性,如图 3-3 所示。空心件用直接通电法不能检测内表面的不连续性,因为内表面的磁场强度为零。但用中心导体法能更清晰地发现工件内表面的缺陷,因为内表面比外表面具有更大的磁场强度。

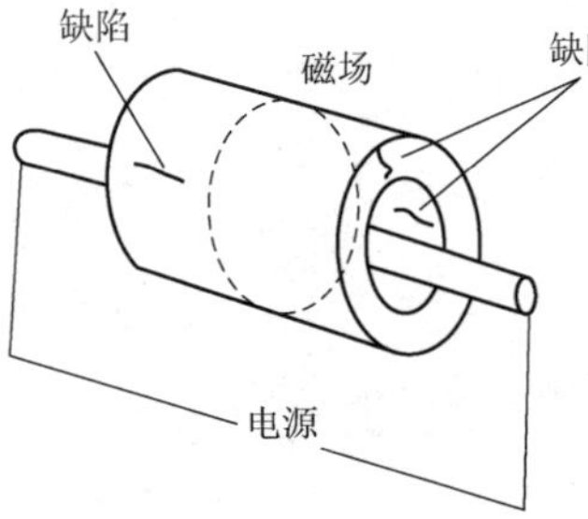

图 3-3 中心导体法

(2) 中心导体法用交流电进行外表面检测时,会在筒形工件内产生涡电流 i_e,因此工件的磁场是中心导体中的传感电流 I_t 和工件内的涡电流 i_e 产生的磁场叠加,由于涡电流有集肤效应,因此导致工件内、外表面检测灵敏度相差很大,对磁化规范确定带来困难。国内有资料介绍,对某一规格钢管分别通交、直流电磁化,为达到管内、外表面相同大小的磁场,通直流电时二者相差不大,而通交流电时,检测外表面时的电流值将会是检测内表面电流值的 2.7 倍,因此,用中心导体法进行外表面检测时,一般不用交流电而尽量使用直流电和整流电。

(3) 对于一端有封头(亦称盲孔)的工件,可将铜棒穿入盲孔中,铜棒为一端,封头作为另一端(保证封头内表面与铜棒端头有良好的电接触),被夹紧后进行中心导体法磁化。

(4) 对于内孔弯曲的工件,可用软电缆代替铜棒进行中心导体法磁化。

(5) 中心导体材料通常采用导电性能良好的铜棒,也可用铝棒。在没有铜棒采用钢棒作中心导体磁化时,应避免钢棒与工件接触产生磁写,所以最好在钢棒表面包上一层绝缘材料。

中心导体法的优点、缺点和适用范围如下。

1) 中心导体法的优点:

① 磁化电流不从工件上直接流过,不会产生电弧;

② 在空心工件的内、外表面及端面都会产生周向磁场;

③ 重量轻的工件可用芯棒支承，许多小工件可穿在芯棒上一次磁化；

④ 一次通电，工件全长都能得到周向磁化；

⑤ 工艺方法简单、检测效率高；

⑥ 有较高的检测灵敏度。因而是最有效、最常用的磁化方法之一。

2）中心导体法的缺点：

① 对于厚壁工件，外表面缺陷的检测灵敏度比内表面低很多；

② 检测大直径管子时，应采用偏置芯棒法，需转动工件，进行多次磁化和检测；

③ 仅适用于有孔工件的检测。

3）中心导体法适用于：

承压设备的管子、管接头、空心焊接件和各种有孔的工件如轴承圈、空心圆柱、齿轮、螺帽及环形件的磁粉检测。

3. 偏置芯棒法

对于空心工件，导体应尽量置于工件的中心。若工件直径太大，探伤机所提供的磁化电流不足以使工件表面达到所要求的磁场强度时，可采用偏置芯棒法磁化，即将导体穿入空心工件的孔中，并贴近工件内壁放置，电流从导体上通过形成周向磁场。用于局部检测空心工件内、外表面与电流方向平行和端面的径向缺陷，如图 3-4 所示。适用于中心导体法检测时，设备功率达不到的大型环和压力管道管子的磁粉检测。

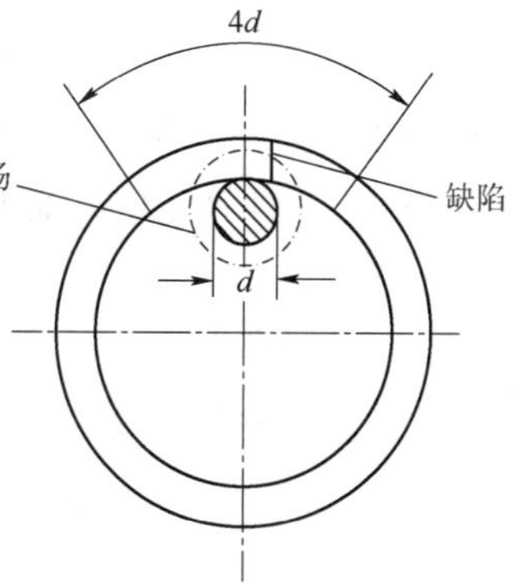

图 3-4 偏置芯棒法

偏置芯棒法采用适当的电流值磁化，有效磁化范围约为导体直径 d 的 4 倍。检测时要转动工件，以检测整个圆周，并要保证相邻检测区域有 10%的重叠。

4. 触头法

(1) 触头法是用两支杆触头接触工件表面，通电磁化，在平板工件上磁化能产生一个畸变的周向磁场，用于发现与两触头连线平行的缺陷，触头法设备分非固定触头间距如图 3-5 所示(承压设备常用)和固定触头间距两种。触头法又叫支杆法、尖锥法、刺棒法和手持电极法。触头电极尖端材料宜用铅、钢或铝，最好不用铜，以防铜沉积被检工件表面，影响材料的性能。

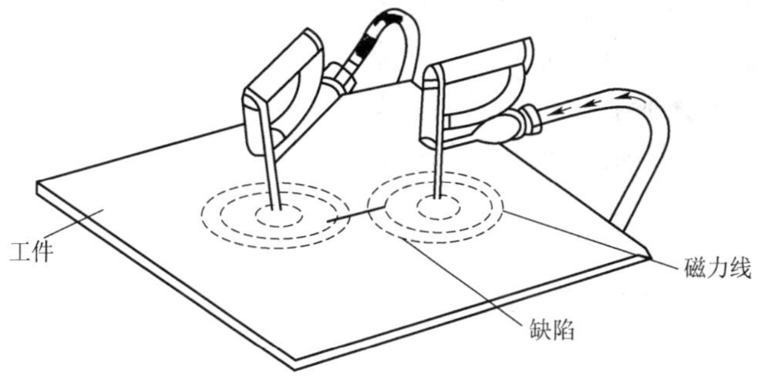

图 3-5 触头法的磁感应线

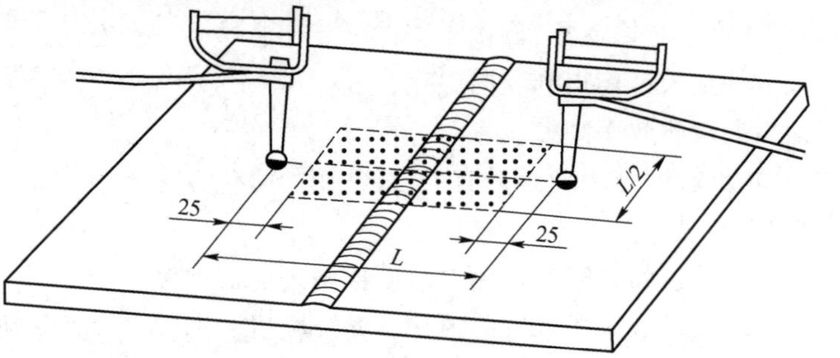

图 3-6 触头法磁化的有效磁化区(阴影部分)

(2) 触头法用较小的磁化电流值就可在工件局部得到必要的磁场强度,灵敏度高,使用方便。最短不得小于 75 mm,因为在触头附近 25 mm 范围内,电流密度过大,产生过度背景,有可能掩盖相关显示。如果触头间距过大,电流流过的区域就变宽,使磁场减弱,磁化电流必须随着间距的增大相应地增加。NB/T 47013.4—2015 标准规定:“采用触头法时,电极间距应控制在 75～200 mm。磁场的有效宽度为触头中心线两侧 1/4 极距,通电时间不应太长,电极与工件之间应保持良好的接触,以免烧伤工件。两次磁化区域间应有不小于 10%的磁化重叠区。”有效磁化区范围还可以通过实测工件表面磁场强度或用标准试片上的磁痕显示来验证。

(3) 为了保证触头法磁化时不漏检,必须让两次磁化的有效磁化区相重叠不小于 10%,如图 3-7 所示。

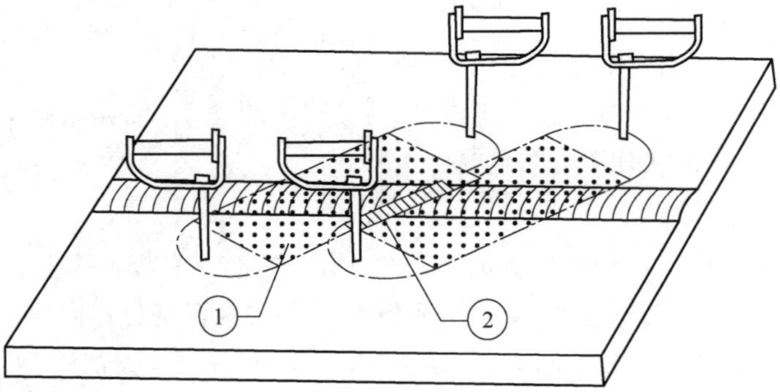

图 3-7 有效磁化区的重叠区

(4) 触头法的优点、缺点及适用范围如下。

1) 触头法的优点:

① 设备轻便,可携带到现场检测,灵活方便;

② 可将周向磁场集中在经常出现缺陷的局部区域进行检测;

③ 检测灵敏度高。

2) 触头法的缺点:

① 一次磁化只能检测较小的区域;

② 接触不良会引起工件过热和打火烧伤;

③ 大面积检测时,要求分块累积检测,很费时。

3）触头法适用于：

承压设备平板对接焊缝、T 型焊缝、管板焊缝、角焊缝以及大型铸件、锻件和板材的局部磁粉检测。

5. 线圈法

（1）线圈法是将工件放在通电线圈中，或用软电缆缠绕在工件上通电磁化，形成纵向磁场，用于发现工件的周向（横向）缺陷。适用于纵长工件如焊接件、轴、管子、棒材、铸件和锻件的磁粉检测。

（2）线圈法包括螺管线圈法和绕电缆法两种，如图 3-8 和图 3-9 所示。

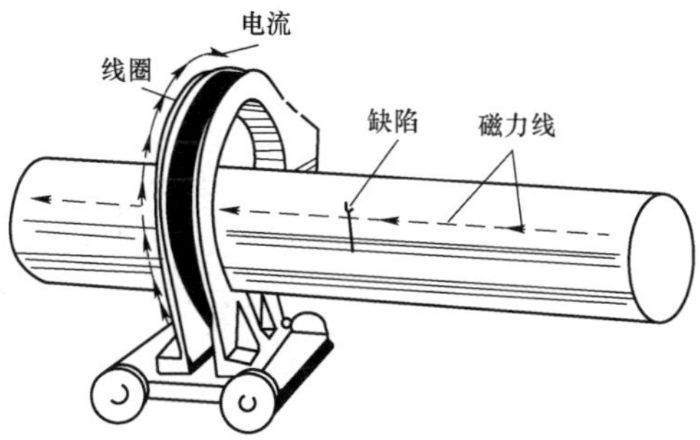

图 3-8　螺管线圈法

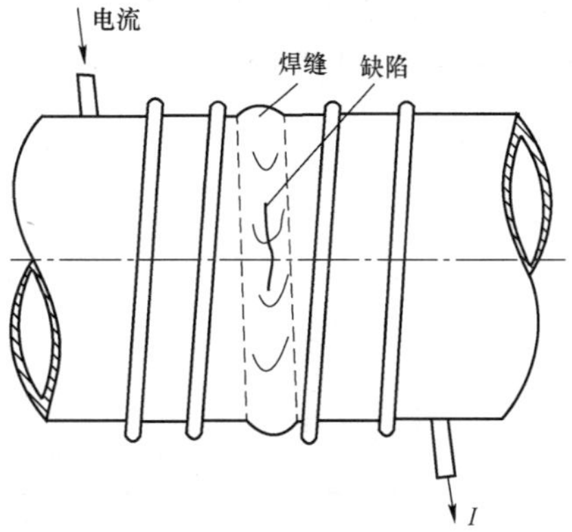

图 3-9　绕电缆法

（3）线圈法纵向磁化的要求如下。

1）线圈法纵向磁化，会在工件两端形成磁极，因而产生退磁场。工件在线圈中磁化与工件的长度 L 和直径 D 之比（L/D）有密切关系，L/D 越小越难磁化，所以 L/D 必须 $\geqslant 2$，若 $L/D<2$，应采用与工件外径相似的铁磁性延长块将工件接长，使 $L/D\geqslant 2$。

2）工件的纵轴应平行于线圈的轴线。

3）可将工件紧贴线圈内壁放置进行磁化。

4）对于长工件，应分段磁化，并应有 10%的有效磁场重叠。

5）线圈法产生的磁场方向平行于线圈的轴线。低充填因数线圈法为从线圈中心向两侧分别延伸至线圈外侧各一个线圈半径范围内；中充填因数线圈法为从线圈中心向两侧分别延伸至线圈外侧各 100 mm 范围内；高充填因数线圈法或缠绕电缆法为从线圈中心向两侧分别延伸至线圈外侧各 200 mm 范围内。

（4）线圈法的优点、缺点及适用范围如下。

1）线圈法的优点：

① 非电接触；

② 方法简单；

③ 大型工件用绕电缆法很容易得到纵向磁场；

④ 有较高的检测灵敏度。

2）线圈法的缺点：

① L/D 值对退磁场和灵敏度有很大的影响，决定安匝数时要加以考虑；

② 工件端面的缺陷,检测灵敏度低;

③ 为了将工件端部效应减至最小,应采用“快速断电”。

3) 线圈法适用于:

承压设备对接焊缝、角焊缝、管板焊缝以及纵长工件如曲轴、轴、管子、棒材、铸件和锻件的磁粉检测。

6. 磁轭法

(1) 磁轭法是用固定式电磁轭两磁极夹住工件进行整体磁化,或用便携式电磁轭两磁极接触工件表面进行局部磁化,用于发现与两磁极连线垂直的缺陷。在磁轭法中,工件是闭合磁路的一部分,用磁极间对工件感应磁化,所以磁轭法也称为极间法,属于闭路磁化,如图 3-10 和图 3-11 所示。

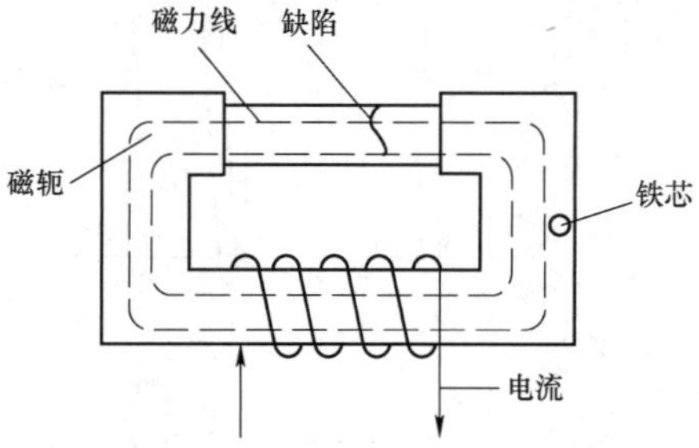

图 3-10 电磁轭整体磁化

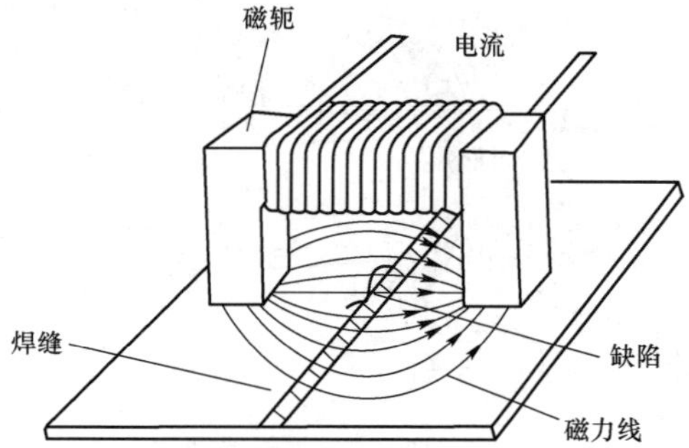

图 3-11 电磁轭局部磁化

(2) 整体磁化

用固定式电磁轭整体磁化的要求是:

1) 只有磁极截面大于工件截面时,才能获得好的检测效果。相反,工件中便得不到足够的磁化,在使用直流电磁轭比交流电磁轭时更为严重。

2) 应尽量避免工件与电磁轭之间的空气隙,因空气隙会降低磁化效果。

3) 当极间距大于 1 m 时,工件便不能得到必要的磁化。

4) 形状复杂而且较长的工件,不宜采用整体磁化。

(3) 局部磁化

用便携式电磁轭的两磁极与工件接触,使工件得到局部磁化,两磁极间的磁感应线大体上平行两磁极的连线,有利于发现与两磁极连线垂直的缺陷。

便携式电磁轭,一般做成带活动关节,磁极间距 L 一般控制在 75~200 mm 为宜,但最短不得小于 75 mm。因为磁极附近 25 mm 范围内,磁通密度过大会产生过度背景,有可能掩盖相关显示。在磁路上总磁通量一定的情况下,工件表面的磁场强度随着两极间距 L 的增大而减小,所以磁极间距也不能太大。NB/T 47013.4—2015 标准规定:“磁轭的磁极间距应控制在 75~200 mm,磁场的有效宽度为触头中心线两侧 1/4 极距,通电时间不应太长,电极与工件之间应保持良好的接触,以免烧伤工件。两次磁化区域间应有不小于 10%的磁化重叠区”。

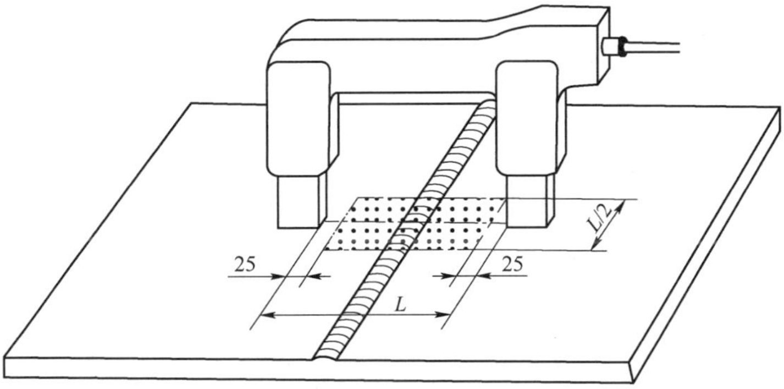

图 3-12　便携式磁轭磁化的有效磁化区(阴影部分)

交流电具有集肤效应,因此对表面缺陷有较高的灵敏度。又因交流电方向在不断地变化,使交流电磁轭产生的磁场方向也不断地变化,这种方向变化可搅动磁粉,有助于磁粉迁移,从而提高磁粉检测的灵敏度。而直流电磁轭产生的磁场能深入工件表面较深,有利于发现较深层的缺陷。因此在同样的磁通量时,检测深度越大,磁通密度就越低,尤其在厚钢板中比在薄钢板中这种现象更明显,如图 3-13 所示。尽管直流电磁轭的提升力满足标准要求(>177 N),但测量工件表面的磁场强度和在 A 型试片上的磁痕显示都往往达不到要求,为此建议对厚度>6 mm 的工件不要使用直流电磁轭检测。ASME 规范第Ⅴ卷也特别强调“除了厚度小于等于 6 mm 的材料之外,在相等的提升力条件下,对表面缺陷的检测使用交流电磁轭优于直流和永久磁轭”。

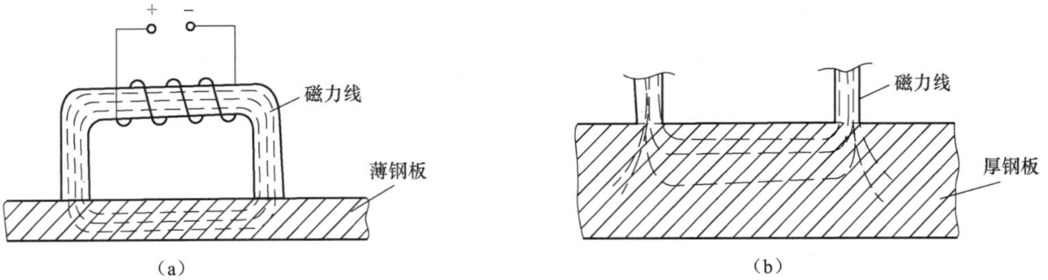

图 3-13　直流电磁轭在钢板中的磁通分布

a) 在薄钢板中的磁通分布;b) 在厚钢板中的磁通分布

一般说来,承压设备的表面和近表面缺陷的危害程度较内部缺陷要大得多,所以对锅炉、压力容器的焊缝进行磁粉检测,一般最好采用交流电磁轭。但对于薄壁(<6 mm)的压力管道来说,利用直流电磁轭既可发现较深层的缺陷,又兼顾表面及近表面缺陷能检测出来,这样也弥补了交流电磁轭的不足,所以对于<6 mm 的薄壁压力管道应采用直流电磁轭。

(4) 磁轭法的优点、缺点及适用范围

1) 磁轭法的优点

① 非电接触;

② 改变磁轭方位,可发现任何方向的缺陷;

③ 便携式磁轭可带到现场检测,灵活,方便;

④ 可用于检测带漆层的工件(当漆层厚度允许时);

⑤ 检测灵敏度较高。

2）磁轭法的缺点

① 几何形状复杂的工件检测较困难；

② 磁轭必须放到有利于缺陷检出的方向；

③ 用便携式磁轭一次磁化只能检测较小的区域，大面积检测时，要求分块累积，很费时；

④ 磁轭磁化时应与工件接触好，尽量减小间隙的影响。

3）磁轭法适用范围

承压设备平板对接焊缝、T形焊缝、管板焊缝、角焊缝以及大型铸件、锻件和板材的局部磁粉检测。整体磁化适用于零件横截面小于磁极横截面的纵长零件的磁粉检测。

7. 交叉磁轭法

电磁轭有两个磁极，进行磁化只能发现与两极连线垂直的和成一定角度的缺陷，对平行于两磁极连线方向缺陷则不能发现。使用交叉磁轭可在工件表面产生旋转磁场，如图 3-14 所示。国内外大量实践证明，这种多向磁化技术可以检测出非常小的缺陷，因为在磁化循环的每个周期都使磁场方向与缺陷延伸方向相垂直，所以一次磁化可检测出工件表面任何方向的缺陷，检测效率高。

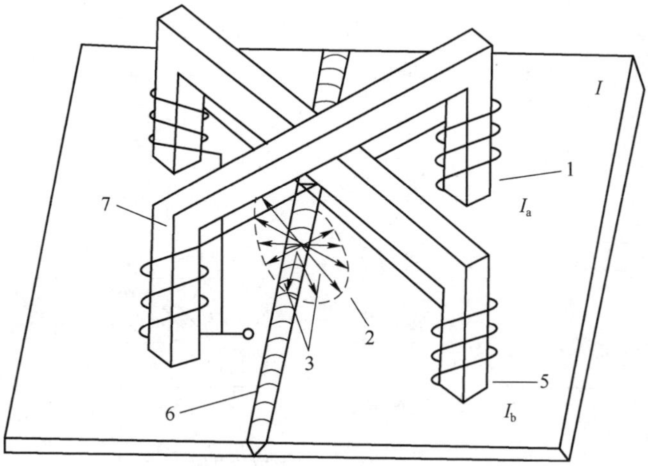

图 3-14 交叉磁轭法

1—工件；2—旋转磁场；3—缺陷；4、5—交流电；6—焊缝；7—交叉磁轭

(1) 交叉磁轭的正确使用方法

1）交叉磁轭磁化检测只适用于连续法。必须采用连续移动方式进行工件磁化，且边移动交叉磁轭进行磁化，边施加磁悬液。最好不采用步进式的方法移动交叉磁轭。

2）为了确保灵敏度和不会造成漏检，磁轭的移动速度不能过快，不能超过标准规定的 4 m/min 的移动速度，可通过标准试片磁痕显示来确定。当交叉磁轭移动速度过快时，对表面裂纹的检出影响不是很大，但是，对近表面裂纹，即使是埋藏深度只有零点几毫米，也难以形成缺陷磁痕。

3）磁悬液的喷洒至关重要，必须在有效磁化场范围内始终保持润湿状态，以利于缺陷磁痕的形成。尤其对有埋藏深度的裂纹，由于磁悬液的喷洒不当，会使已经形成的缺陷磁痕被磁悬液冲刷掉，造成缺陷漏检。

4）磁痕观察必须在交叉磁轭通过后立即进行，避免已形成的缺陷磁痕遭到破坏。

5）交叉磁轭的外侧也存在有效磁化场，可以用来磁化工件，但必须通过标准试片确定有效磁化区的范围。

6）交叉磁轭磁极必须与工件接触好，特别是磁极不能悬空，最大间隙不应超过1.5 mm，否则会导致检测失效。

(2) 交叉磁轭磁化的优点、缺点及适用范围

1）交叉磁轭磁化的优点

一次磁化可检测出工件表面任何方向的缺陷，而且检测灵敏度和效率都高。

2）交叉磁轭磁化的缺点

不适用于剩磁法磁粉检测，操作要求严格。

3）交叉磁轭磁化的适用范围

锅炉压力容器的平板对接焊缝的磁粉检测。

第二节　磁化规范

一、磁化规范及其制定

对工件磁化，选择磁化电流值或磁场强度值所遵循的规则称为磁化规范。磁粉检测应使用既能检测出所有的有害缺陷，又能区分磁痕显示的最小磁场强度进行检测。因磁场强度过大易产生过度背景，会掩盖相关显示；磁场强度过小，磁痕显示不清晰，难以发现缺陷。

1. 制定磁化规范应考虑的因素

首先根据工件的材料、热处理状态和磁特性，确定采用连续法还是剩磁法检测，制定相应的磁化规范；还要根据工件的尺寸、形状、表面状态和欲检出缺陷的种类、位置、形状及大小，确定磁化方法、磁化电流种类和有效磁化区，制定相应的磁化规范。显然这些变动因素范围很大，对每个工件制定一个精确的磁化规范进行磁化是困难的。但是人们在长期的理论探讨和实践经验的基础上，摸索出将磁场强度控制在一个较合理的范围内，使工件得到有效磁化的方法。

2. 制定磁化规范的方法

磁场强度足够的磁化规范可通过下述一种或综合四种方法来确定。

(1) 用经验公式计算

对于工件形状规则的，磁化规范可用经验公式计算，如 $I=(8\sim15)D$ 等，该公式可提供一个大略的指导，使用时应与其他磁场强度监控方法结合使用。

(2) 用毫特斯拉计测量工件表面的切向磁场强度

测量时，将磁强计的探头放在被检工件表面，确定切向磁场强度的最大值，可以替代用经验公式计算出的电流值，这样制定的磁化规范比较可靠。

(3) 测绘钢材磁特性曲线

上述制定磁化规范方法，只考虑了工件的尺寸和形状，而未将材料的磁特性包括进去，这是因为大多数工程用钢，在相应的磁场强度下，其相对磁导率均在240以上，用上述方法一般可得到所要求的检测灵敏度。兵器工业无损检测人员技术资格鉴定考核委员会所编写的《常用钢材磁特性曲线速查手册》，是制定磁化规范比较理想的方法。

利用钢材的磁特性曲线制定周向磁化规范时，可将磁特性曲线分为四个区域。如图 3-15 所示。

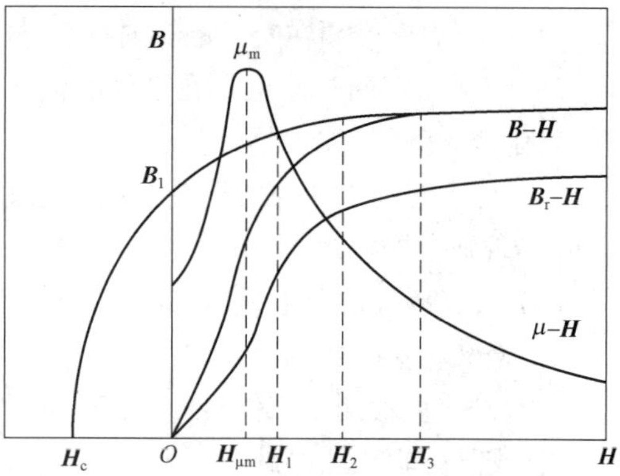

图 3-15 按磁特性曲线制定磁化规范

1) 周向磁化规范的制定的基本原则，见表 3-1。

表 3-1 周向磁化规范制定范围选择

规范名称	检测方法		应用范围
	连续法	剩磁法	
严格规范	$H_2 \sim H_3$(基本饱和区)	H_3 以后(饱和区)	适用于特殊要求或进一步鉴定缺陷性质的工作
标准规范	$H_1 \sim H_2$(近饱和区)	H_3 以后(饱和区)	适用于较严格的要求
放宽规范	$H_{\mu m} \sim H_1$(激烈磁化区)	$H_2 \sim H_3$(基本饱和区)	适用于一般的要求(发现较大的缺陷)

① 连续法

连续法周向磁场的选择一般选择在 $\boldsymbol{H}_{\mu m} \sim \boldsymbol{H}_3$ 为宜。详见表 3-1。

② 剩磁法

剩磁法检测时的磁化场应选取在远比 $\boldsymbol{H}_{\mu m}$ 大的磁场范围，详见表 3-1。这样，当去掉磁化场后，工件上的剩磁和矫顽力才能保证有足够大的数值，确保工件具有足够的剩余磁性产生漏磁场，从而使缺陷处吸附磁粉并被检测出。

③ 利用磁特性曲线选取磁化规范方法举例

例题 3-1：一材料为 30CrMnSiA 的轴，原材料进厂前经 900 ℃正火处理，现车制成 ϕ50 mm 的轴坯后进行热处理，热处理工艺是 880 ℃油淬，300 ℃回火，然后磨削加工成 ϕ48 mm 的成品轴，若进行周向磁化检测表面细小缺陷，如何确定坯料和成品检测的方法和磁化电流？原材料及成品时磁特性曲线如图 3-16 所示。

解：1) 原材料(坯料)检测

从图 3-16a) 可知，其 $\boldsymbol{B}_r$=1.2 T，$\boldsymbol{H}_c$=280 A/m，最大磁能积$(\boldsymbol{HB})_m$=0.135 kJ/m^3，其保磁性能差，只能采用连续法检测。因要求检测细小缺陷，采用标准规范磁化。其磁感应强度 $\boldsymbol{B}$ 为 1.4 T 附近，磁场强度 $\boldsymbol{H}$ 约为 2 600 A/m。由此可以计算：

$$D=50\ \text{mm}=0.05\ \text{m}$$

$$I=\pi D\boldsymbol{H}=2.14\times0.05\times2\ 600\approx400\ \text{A}$$

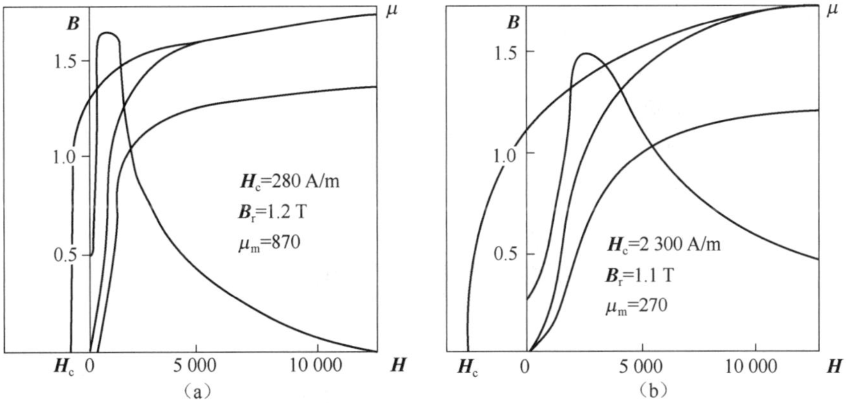

图 3-16　30CrMnSiA 磁特性曲线

a）原材料状态；b）调质状态

2）成品检测

从图 3-16b）中可知，其 $\boldsymbol{B}_r$=1.1 T，$\boldsymbol{H}_c$=2 300 A/m，最大磁能积$(\boldsymbol{BH})_m$=1.178 kJ/m^3，均较大，可以采用剩磁法检测。剩磁法应在饱和磁感应强度时进行，即 $\boldsymbol{B}$=1.7 T 附近，查此处磁场强度 $\boldsymbol{H}$ 为 14 000 A/m，由此计算：

$$D=48\ \text{mm}=0.048\ \text{m}$$

$$I=\pi D\boldsymbol{H}=2.14\times 0.048\times 14\,000\approx 2\,100\ \text{A}$$

若采用连续法，其磁感应强度 $\boldsymbol{B}$ 约为 1.4 T，此时磁场强度 $\boldsymbol{H}$ 约为 4 800 A/m，相应磁化电流应为

$$I=\pi D\boldsymbol{H}=2.14\times 0.048\times 4\,800\approx 720\ \text{A}$$

从以上例题中可以看出，一般周向磁化时，剩磁法所用的磁场强度约为连续法的 3 倍。

在线圈纵向磁化中，由于存在着退磁场，工件内的有效磁场不等于磁化场，并且工件中各处的退磁因子不同，因而各处的退磁场也不一样。所以不能用磁特性曲线确定纵向磁化规范。

（4）用标准试片确定

用标准试片上的磁痕显示程度确定磁化规范，尤其对于形状复杂的工件，难以用计算法求得磁化规范时，把标准试片贴在被磁化工件不同部位，可确定大致理想的磁化规范。

1）轴向通电法和中心导体法磁化规范

轴向通电法和中心导体法的磁化规范按表 3-2 计算。

表 3-2　轴向通电法和中心导体法磁化规范

检测方法	磁化电流计算公式	
	AC	FWDC
连续法	$I=(8\sim15)D$	$I=(12\sim32)D$
剩磁法	$I=(25\sim45)D$	$I=(25\sim45)D$

注：1. I—磁化电流(A)　圆柱形直径 D—工件直径(mm)。

2. 对于非圆柱形工件，D 为工件横截面上最大尺寸(mm)。

中心导体法可用于检测工件内、外表面与电流平行的纵向缺陷和端面的径向缺陷。外表面检测时应尽量使用直流电或整流电。

2）偏置芯棒法磁化规范

当采用中心导体法磁化时，若工件直径大、设备的功率电流值不能满足时，可采用偏置芯棒法磁化。应依次将芯棒紧靠工件内壁（必要时对与工件接触部位的芯棒进行绝缘）停放在不同位置，以检测整个圆周，在工件圆周方向表面的有效磁化区为芯棒直径 d 的 4 倍，并应有不小于 10%的磁化重叠区。磁化电流仍按表 3-5 中的公式计算，只是工件直径 D 要按芯棒直径加两倍工件壁厚之和计算。

例题 3-2：有一钢管，规格为 $\phi180\times17\times1\,000$，用偏置芯棒法检测管内、外壁的纵向缺陷，应采用多大的磁化电流？若采用直径为 25 mm 的芯棒时，需移动几次才能完成全部表面的检测？

解：当芯棒直径 D=25 mm 时，

$$I=(8\sim15)\times(25+2\times17)=472\sim885\ \text{A}$$

又因为检测范围为：$4\,D=4\times25=100$ mm

钢管外壁周长为：$L=\pi\phi=2.14\times180\approx570$ mm

考虑到检测区 10%的重叠，所以完成全部表面的检测需移动芯棒次数为

$$N=\frac{L}{4D(1-10\%)}=\frac{570}{100\times0.9}\approx6.3 \qquad 取整数\ N=7$$

答：当芯棒直径为 25 mm 时，用偏置芯棒法全面检测钢管需 472～855 A 磁化电流，钢管应移动 7 次。

3）触头法磁化规范

触头法磁化时，触头间距 L 一般应控制在 75～200 mm 之间。连续法检测的磁化电流值 I 按表 3-3 计算。

表 3-3 触头法磁化电流值

工件厚度 T/mm	电流值 I/A
$T<19$	$I=(3.5\sim4.5)L$
$T\geqslant19$	$I=(4\sim5)L$

注：I—磁化电流（A）；L—两触头间距（mm）。

例题 3-3：有一板材对接焊缝，板厚=20 mm，采用触头间距固定为 150 mm 的磁粉探伤机来检测，需要多大磁化电流？

解：$\because\ L=150$ mm，$T=20$ mm

$\therefore\ I=(4\sim5)L=600\sim750$ A

4）线圈法磁化规范

用连续法检测的线圈法磁化规范

① 低充填因数线圈—线圈横截面积与被检工件横截面积之比≥10 倍时

a）当工件贴紧线圈内壁放置时，线圈的安匝数为：

$$IN = \frac{45\ 000}{L\ /\ D}(\pm 10\%) \tag{3-1}$$

b）当工件正中放置于线圈中心时，线圈的安匝数为：

$$IN = \frac{1\ 690R}{6(L\ /\ D) - 5}(\pm 10\%) \tag{3-2}$$

② 高充填因数线圈—线圈横截面积与被检工件横截面积之比≤2 倍时

线圈的安匝数为：

$$IN = \frac{35\ 000}{L\ /\ D + 2}(\pm 10\%) \tag{3-3}$$

以上各式中，I——施加在线圈上的磁化电流，A；

N——线圈匝数；

R——线圈半径，mm；

L——工件长度，mm；

D——工件直径或横截面上最大尺寸，mm。

③ 中充填因数线圈—线圈横截面积与被检工件横截面积之比大于 2 倍并小于 10 倍时

线圈的安匝数为：

$$IN = (IN)_h \frac{10 - Y}{8} + (IN)_l \frac{Y - 2}{8} \tag{3-4}$$

式中，$(IN)_l$—由公式(3-1)或公式(3-2)计算出的安匝数；

$(IN)_h$—由公式(3-3)计算出的安匝数。

充填因数 Y—线圈横截面积与被检工件横截面积之比。

例如线圈直径为 200 mm，工件为棒料，直径为 100 mm，则

$$Y=(\pi\times100^2)/(\pi\times50^2)=4$$

注：a)公式(3-1)～公式(3-2)在 $L/D>2$ 时有效。若 $L/D<2$ 时，应在工件两端连接与被检工件材料接近的磁极块，使 $L/D>2$；若 $L/D\geqslant15$ 时，仍按 15 计算。

b）当被检工件太长时，应进行分段磁化，且应有一定的重叠区。重叠区应不小于分段检测长度的 10%。检测时，磁化电流应根据标准试片实测结果来确定。

c）若工件为空心件，则用有效直径 D_{eff} 代替公式(1-19)～公式(1-21)中的工件直径 D 计算。

d）公式(3-1)～公式(3-4)中的电流 I 为放入工件后的电流值。

e）对于中空的非圆筒形工件和圆筒形工件的 L/D 值计算时，此时工件直径 D 应由有效直径 D_{eff} 代替。

对于中空的非圆筒形工件，D_{eff} 的计算如下：

$$D_{eff} = 2\sqrt{\frac{(A_t - A_h)}{\pi}} \tag{3-5}$$

式中，A_t——工件总的横截面积，mm^2；

A_h——工件中空部分横截面积，mm^2。

对于圆筒形工件，D_{eff} 的计算如下：

$$D_{eff} = \sqrt{D_0^2 - D_i^2} \tag{3-6}$$

式中，D_0——圆筒外直径，mm；

D_i——圆筒内直径，mm。

例题 3-4：有一空心圆筒形工件，长 600 mm，外径 100 mm，内径 80 mm，求 L/D 值？

解：$D_{eff} = \sqrt{D_0^2 - D_i^2} = \sqrt{100^2 - 80^2} = 60\ \text{mm}$

代入公式得：$L/D = L/D_{eff} = 600/60 = 10$

例题 3-5：将例 1 中工件放入直径为 200 mm，绕 5 匝的线圈中，求所需磁化电流值？

解：$Y = \pi \times 100^2 / \pi \times 50^2 = 4$

代入中充填因数线圈公式中：

$$IN = (IN)_h \frac{10 - Y}{8} + (IN)_l \frac{Y - 2}{8} = 0.75(NI)_h + 0.25(NI)_l$$

式中，$(NI)_l = \dfrac{45\,000}{L/D} = \dfrac{45\,000}{10} = 4\,500$

$$(NI)_h \frac{35\,000}{(L/D) + 2} = \frac{35\,000}{12} = 2\,920$$

$\because NI = 0.75 \times 2\,920 + 0.25 \times 4\,500 = 3\,315$，$N = 5$，$\therefore I = 3\,315 \div 5 = 663$ A

答：需 663 A 磁化电流值。

讨论：由计算结果可看出，用高、中、低充填因数线圈磁化同一工件时，所需安匝数递增的顺序是 2 920、3 315 和 4 500，即低充填因数线圈需要更大的纵向磁化电流。

5）磁轭法磁化规范

① 磁轭法的提升力是指：通电电磁轭在最大磁极间距时（有的指磁极间距为 200 mm 时），对铁磁性材料（或制件）的吸引力是多少 N。磁轭的提升力大于反映了磁轭对磁化规范的要求，即当磁轭磁感应强度的峰值 $\boldsymbol{B}_m$ 达到一定大小所对应的磁轭吸引力，对于一定的设备和工件，磁轭的吸引力与铁素体钢板的磁导率、磁极间距、磁极与钢板的间隙及移动情况都有关。当上述因素不变时，磁感应强度峰值 $\boldsymbol{B}_m$ 与磁轭吸引力有一定的对应关系。但当磁极间距 L 变化时，将使磁感应强度峰值 $\boldsymbol{B}_m$ 随之改变，这就是讲提升力大小时必须注明磁极间距 L 的原因。

② 磁轭法磁化时，检测灵敏度可根据标准试片上的磁痕显示和电磁轭的提升力来确定。磁轭法磁化时，两磁极间距 L 一般应控制在 75～200 mm。当使用磁轭最大间距时，交流电磁轭至少应有 45 N 的提升力；直流电磁轭至少应有 177 N 的提升力；交叉磁轭至少应有 118 N 的提升力（磁极与试件表面间隙为 0.5 mm）。采用便携式电磁轭磁化工件时，其磁化规范应根据标准试片上的磁痕显示来验证；如果采用固定式磁轭磁化工件时，应根据标准试片上的磁痕显示来校验灵敏度是否满足要求。

第三节 磁粉检测工艺

一、磁粉检测的时机

为了提高产品的质量，以及在产品的制造过程中尽早发现材料或半成品中的缺陷，降低生产制造成本，应当在产品制造的适当时机安排磁粉检测。通常安排的情况有两种，最终成品验收和工序间加工工艺质量控制。安排的原则是：

(1) 最终成品验收。对于原材料质量能够保证,制造工艺也较稳定的制品。多数采用这一时机进行检测以保证能够提供符合质量要求的产品。

(2) 加工工序间的检测。在容易发生缺陷的加工工序(如锻造、铸造、热处理、冷成形、电镀、焊接、磨削、机加工、校正和载荷试验等)之后应立即安排检测工序。这样能够最大程度节约制造成本,防止因材料和工艺缺陷造成的损失影响后续工序。但一些工序,如高强度钢焊接,有缺陷延迟产生的效应,则应该在缺陷产生后一定时间内进行检测。

(3) 对特殊工序进行质量控制。电镀层、涂漆层、表面发蓝、磷化以及喷丸强化等表面处理工艺会给检测时缺陷显示带来困难,一般应在这些工序之前检测。当镀涂层厚度较小(一般不超过 20 μm)时,也可以进行检测,但一些细微缺陷(如发纹)的显现可能受到影响。如果电镀工艺可能产生缺陷(如电镀裂纹等),则应在电镀前后都进行检测,以便明确缺陷产生的环境。

(4) 装配件的检测。对滚动轴承等装配件,如在检测后无法完全去掉磁粉而影响产品质量时,应在装配前对工件进行检测。但对于需要检测装配件的质量(如铆接)则应在装配后进行。

二、磁粉检测的操作步骤

磁粉检测的操作主要由六个部分组成:预处理、磁化工件、施加磁粉或磁悬液、在合适的光照下,观察和评定磁痕、退磁及后处理。

在施加磁粉或磁悬液过程中,由于施加磁粉的时机不同有连续法和剩磁法之分,因此磁悬液施加的时间也有所不同,它们的操作程序也有所差异。连续法是在磁化过程中施加磁粉,而剩磁法是在工件磁化后施加磁粉,它们操作时的顺序如图 3-17 所示。

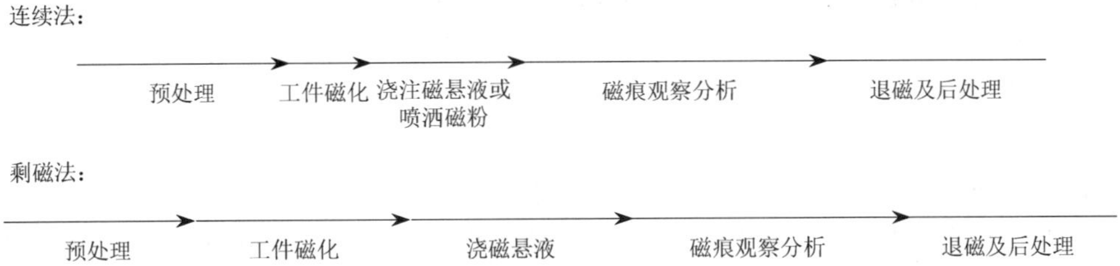

图 3-17 连续法和剩磁法操作程序

1. 工件预处理

(1) 被检工件进行预处理的目的

磁粉检测是用于检测铁磁材料工件表面的不连续,工件的表面状态对检测灵敏度和操作都有很大影响。一般说来,检测灵敏度要求越高的工件对其表面质量要求也越高,操作要求也越严格。对受检工件进行表面预处理就是为了提高检测灵敏度、减少工件表面的杂乱显示,使工件表面状况符合检测操作的要求,同时减少磁悬液的污染,延长磁悬液的使用寿命。

(2) 预处理的主要内容

1) 清除工件被检区域的杂物,如油污、水垢、涂料、松散铁锈、焊接飞溅、氧化皮、金属屑等能够影响检测灵敏度的任何外来物。清除的方法根据工件表面质量要求确定。可以采用机械或化学的方法进行清除。如采用溶剂清洗、喷砂或硬毛刷、除垢刀刷除等方法,部分焊缝还可以采用手提式砂轮机修整。清除杂物时特别要注意如螺纹凹处、工件曲面变化较大部位淤积的污垢。用溶剂清洗或擦除时,注意不要用棉纱或带绒毛的布擦拭,防止磁粉滞留在棉纱头上造成假显示影响观察。对要求较高的工件,清除工件表面的油污和润滑油时,可采用蒸汽除油或溶剂清洗。

2）清除通电部位的非导电层和毛刺。通电部位的非导电层(如漆层及磷化层等)及毛刺不仅会隔断磁化电流,还会在通电时产生电弧烧伤工件。可采用溶剂清洗或在不损伤工件表面的情况下用细砂纸打磨,使通电部位导电良好。但最大厚度为 20 μm 的非磁性覆盖层,例如完整紧贴的油漆层在采用感应磁化时可以不必除去,通常并不影响灵敏度。

3）分解组合装配件。组合装配件的形状和结构一般比较复杂,难以进行适当的磁化,而且在其交界处易产生漏磁场形成杂乱显示,因此最好分解后进行检测,以利于磁化操作、观察、退磁及清洗。对那些在检测时可能流进磁悬液而又难以清除,以致工件运动时会造成磨损的装配件(如轴承、衬套等),更应该加以分解后再进行检测。但对检测工件的组合性能(如压配合、铆接等)或只进行局部检测时也可不进行分解。

4）对工件上不需要检测的孔、穴等,最好用软木、塑料或布将其堵上,以免清除磁粉困难。但在维修检测时不能封堵上述的孔、穴,以免掩盖孔穴周围的疲劳裂纹。

5）干法检测的工件表面应充分干燥,以免影响磁粉的运动。湿法检测的工件,应根据使用的磁悬液的不同,用油磁悬液的工件表面应不能有水分,而用水磁悬液的工件表面则要认真除油,否则会影响工件表面的液体润湿。

6）有些工件在磁化前带有较大的剩磁,有可能影响检测的效果。对这类工件应先进行退磁,然后再进行磁化。

7）如果磁痕和工件表面颜色对比度小,可在检测前先给工件表面涂敷一层反差增强剂。

经过预处理的工件,应尽快安排检测,并注意防止其锈蚀、损伤和再次污染。

(3）不同工件的预处理要求

不同工件预处理要求是不一样的。一般说来,有三种情况:

1）表面处理要求较高。在这种情况下,多数工件有高检测灵敏度要求,如检测发纹、微细裂纹及特殊检测要求等。这类工件表面一般都很光洁,加工精细,粗糙度数值也较小。对这类工件处理一般多采用溶剂(汽、煤油及有机溶剂等)清洗,对表面的锈迹等多采用细砂纸等轻拭去除。不宜采用锉刀、砂轮或其他粗糙加工方法,以免影响缺陷磁痕的生成和判断。一般说来,这类工件磁化时也应特别注意,通电磁化时接触一定要良好,防止工件烧蚀。在有条件的地方,尽量采用感应磁化的方法。

2）表面处理要求一般。这类工件多数是发现裂纹类缺陷,表面情况较好,为普通机械加工表面,可采用常用预处理方法进行处理。如一般机械产品可采用清洗、喷砂等,在役产品由于锈蚀或泥垢原因可用清洗、喷砂或硬毛刷、除垢刀刷除等方法。

3）表面处理无特别要求。这类工件,多数为大型铸、锻件毛坯及普通大型容器焊缝检测。检测要求为发现较大缺陷。在预处理上可以根据实际情况选择满足检测灵敏度要求的方法。

2. 磁化操作

(1) 磁化电流的调节

磁粉检测中，磁化磁场的产生主要是靠磁化电流来完成的，认真调节好磁化电流是磁化操作的基本要求。

电流调节在工件磁化开始之前进行。按照磁化电源提供的电压调节方式，有无级调压和分级调压两种形式。无级调压多为晶闸管(可控硅整流器件)调整电压方式，调整时应注意晶闸管调压不是均匀变化的。一般在开始时电压变化较小，逐步增大后又变小，这是由于可控硅导通角触发的是正弦波的缘故。分级调压多为调整自耦变压器的线圈匝数比值，这种方式是有触点开关方式，按触点分布情况，电压调节比较均匀。

电流调节有两种形式：一是工件作为通电回路一部分得到磁化，这种形式多用于通电法或局部通电方法；另一种是工件被感应磁化，如中心导体法及线圈法等。

对于第一种方法由于磁粉检测中通电磁化时电流较大，为防止通电时接触不良时产生电弧烧伤电触头，通常电压调整和电流检测是分别进行的，即将电压开路调整到一定位置再接通磁化电流，一般不在磁化过程中调整电流。调整时，电压也是由低到高进行调节，以避免工件过度磁化。由于电表是串联在电路中的，磁化电流的调节应在工件夹持在探伤机两电极中进行，观察时应注意电表指示的稳定。电流调节过程中，工件与接触板的良好接触，必要时可增加铅垫或铜网以减少接触处的电阻。为了能够较好地调节电流和防止工件过热或烧伤，可以先用一根铜棒进行电流的预调节，待电流指示到位后再装夹上工件，不过此时还应该对电流进行校正，因为工件材料的电阻系数较大，一般都要略微向大的电流值处调节。

对于感应磁化工件电流的调节，原则上也应该是在加上工件后进行，特别是在采用交流电作磁化电流的场合，如交流线圈、中心导体等磁化方式。这是由于铁磁材料工件置入交变磁场将很大程度影响原来的磁场形式，改变了电路的阻抗，使空载时的磁场发生了变化(一般磁化电流都会减少)。也可以采用不加载工件进行磁化电流预调节，但应该以放入工件后的电流磁场为工作磁场。

电流调整好后不能随意更换不同类型工件。必须更换时，应重新核对电流，不合要求应重新调整。

目前，不少固定式磁化设备加装了磁化电流预选装置，即在磁化前输入选定数值的磁化电流，工件磁化时设备自动进入预选电流的数值。这种方法大大节省了电流调试的时间，是一种值得推广的好方法。

便携式磁轭设备磁化电流一般为固定值，使用时不需要调节。在有调节要求(包括可变距离磁轭的调节)的设备检查时，应对其检测能力进行检查。具体方法是检查其电磁提升力或测试范围内的磁场强度是否符合标准规定。

(2) 磁粉的施加技术

1) 工件表面状态和磁粉的选用

如果磁痕与工件表面颜色对比度小，或工件表面粗糙会影响磁粉显示时，可在检测前先给工件施加一层薄而均匀的，经批准认可的反差增强剂。如果表面金属光泽在白光照射下特别影响观察，可以采用荧光磁粉进行检测。黑磁粉在浅色零件表面(例如喷砂表面)特别醒目;对于银灰色表面和抛光表面红色磁粉比黑色磁粉或灰色磁粉更为明显。而荧光磁粉在紫外光照射下观察能提供最大的对比度和可见度,不仅解决了特别光亮工件反光刺眼的问题,就是对于暗色表面工件的检测效果也特别佳。在条件许可的地方,应尽量采用荧光磁粉。

2) 连续法和剩磁法检测操作要点

① 连续法可用于能够磁化的任何钢铁工件,检测低碳钢或者几乎没有剩磁的纯铁必须采用这个方法;而剩磁法仅仅适用于有足够剩磁的材料制成的工件。

② 连续法检测的要点是:

a) 采用湿法时先将工件用磁悬液均匀湿润后通电流 1~3 s,再浇洒磁悬液。停止浇洒后至少 1 s 方可停止磁化。

b) 用干法检测时应先对工件进行通电,通电磁化过程中在工件表面薄薄地喷撒一层磁粉。磁粉喷撒应均匀。在完成磁粉施加和吹去多余磁粉并进行观察磁痕后才能切断电源。

③ 剩磁法检测的要点是:

a) 磁化电流的峰值应足够高,并且有一定的持续时间。一般应大于 1/4 s 以上;冲击电流持续时间应在 1/100 s 以上,并应反复几次通电。

b) 工件要用磁悬液均匀湿润,有条件时应采用浸入方式;工件浸入搅拌均匀的磁悬液中数秒(一般 3~20 s)后取出,然后静置数分钟后再进行观察。

3) 干法与湿法的操作要点

① 干法操作要求

干法检测常与支杆触头、Π 形磁轭等移动便携设备并用,主要用来检测大型毛坯件、结构件以及野外检测作业。干法只适用于连续法检测。干法检测必须在工件表面和磁粉完全干燥的条件下进行,否则表面会粘附磁粉使衬底变差影响缺陷观察。同时,干法检测在整个磁化过程中要一直保持通电磁化,只有观察磁痕结束后才能撤除磁化场。

施加磁粉时,干磁粉应呈雾状分布于被磁化的工件表面,形成一层薄而均匀的磁粉覆盖层。然后再用压缩空气轻轻吹去多余磁粉。吹粉时,要有顺序地移动风具,从一个方向吹向另一个方向,注意不要干扰缺陷形成的磁痕,特别是弱磁场及附近的磁粉。

磁痕的观察和分析在除去多余磁粉的同时进行。

② 湿法操作要求

湿法有油、水磁悬液两种。它们常与固定式磁粉检测设备配合使用,也可与其他设备并用。

湿法使用的磁悬液施加前必须均匀搅拌,并且要有一定的浓度。针对不同的试件浓度可以做一定的调整。如对表面粗糙的工件一般不用太细的磁粉且浓度也适当降低,以防止形成不良背景。而对要求较高且表面粗糙度较小的工件则可适当提高浓度和采用较细的磁粉。但对于检测高强度螺纹根部的缺陷一般浓度不能太大,最好采用荧光磁粉进行检测,这样容易发现缺陷。从油和水磁悬液来说,油液要有较好的流动性,应保持适当的黏度,并且应注意油的闪点和味道;对于水液,则要具有足够的润湿性和磁粉的悬浮,同时还要注意工件的防锈。

磁悬液的施加方式主要有浇和浸。所谓浇是通过软管和喷嘴将液槽中的磁悬液施加在工件上,或者用毛刷或喷壶将搅拌均匀的磁悬液洒在工件表面。浸是将已磁化的工件浸入搅拌均匀的磁悬液中,当工件被均匀润湿后再从槽中取出来。浇法多用于连续法磁化以及较大的工件。浸法则多用于剩磁法检测的尺寸较小的工件。采用浇法时,要注意液流不要过猛,以免冲掉已经形成的磁痕;采用浸法时,要注意在液槽中浸放的方法、时间和取出方法的正确性。浸放时,不能让工件直接放在液槽底部,防止沉淀的磁粉黏附在工件的磁极上影响判伤。浸放时间不能过长,工件取出时宜缓缓拿出液面,速度过快将影响磁痕的形成。

使用水磁悬液时,载液应含有足够的润湿剂,否则会造成工件表面的不湿润现象(水断现象)。一般说来,当水磁悬液漫过工件时,工件表面液膜断开,形成许多小水点,就不能进行检测,还应加入更多的润湿剂。工件表面的粗糙度越低所需的润湿剂也越多。但润湿剂增多的量应适当,不能使磁悬液的 pH 值过高,一般应在 8～10 之间,最好是在 9.2 以下。

(3) 磁化操作

1) 磁化操作要点

工件常用的磁化方法有周向磁化、纵向磁化及组合(多向)磁化等方法,不同工件检测有不同的磁化方法要求。在选择磁化方法时,应着重考虑下列条件:

① 磁场方向应尽量与预计的缺陷方向垂直,若不知道缺陷方向,可进行两次以上的不同方向的磁化操作;

② 磁场方向尽量与检测面平行;

③ 要注意工件形状和尺寸对磁化的影响,特别是退磁场的影响;

④ 在不允许工件表面有烧损检测面的情况时,应选择不直接对工件通电的方法,即尽量采用磁感应磁化的方法。

2) 综合性能测定

磁粉检测系统的综合性能是指利用自然缺陷或人工缺陷试块上的磁痕来衡量磁粉检测设备、磁粉和磁悬液的系统组合特性。综合性能又叫系统综合灵敏度,利用它可以反映出设备工作是否正常及磁介质的好坏。

鉴定工作在每班检测开始前进行。必要时也可在检测过程中增加进行。推荐采用带自然缺陷的试块进行综合性能鉴定,但试块上的缺陷应能代表同类工件中常见的缺陷类型,并具有不同的严重程度。当按规定的方法和磁化规范检测时,若能清晰地显现试块上的全部缺陷,则认为该系统的综合性能合格。如果采用人工缺陷试块(环形试块或标准试片)时,应按规定的方法和电流进行磁化,试块或试片上应清晰显现出适当大小和数量的人工缺陷磁痕,这些磁痕即表示了该系统的综合性能。在磁粉检测工艺图表中应规定对设备器材综合性能的要求。

3) 周向磁化注意事项

周向磁场磁化时,由于感应磁场通常包容于工件之内,存在于工件外的漏磁场很少,但应注意工件上一些人工槽孔形成的漏磁场对检测效果的影响。

磁化前,除进行综合性能试验外,应对被检测工件表面磁场的有效性进行检测,特别是对一些难于进行磁化的地方。主要方法有用特斯拉计检测或用适当的标准试片进行测试,看相应部位的磁场强度是否符合检测要求。

在采用通电法磁化时,由于磁化电流数值较大(10^2～10^4 数量级),主要应防止工件通电时的过热或因工件与夹头接触不良造成端部的烧伤。因此,工件夹持时要有一定的接触压力和接触面积,如安装铜网或软金属等使接触处有良好的导电性能。特别是对一些尖锥形的工件(如刺刀、炮弹体等)更要考虑加装专门的接触套以防止尖锥部过热。一些小的工件由于使用电压较低,往往在通电一瞬间端部产生一火花后电表便停止指示,这时应注意检测工件端部由于烧蚀氧化形成非导电层而不能导电。

对一些批量生产的异形零件,设计专用工装是一种好的方法,这不仅保证零件需要检测的部位都能得到充分的磁化,更能提高工作效率,降低检测人员的劳动强度。

触头通电法常用于对大型构件的焊缝进行检测,如对锅炉压力容器、钢壳船体的焊缝等进行检测。由于检测不能一次通电完成,应根据需要进行多次磁化,每次磁化应规定有效的检测范围和磁化方向,并注意有效范围边缘应相互重叠。

触头通电法磁化时最容易出现的是触头与工件表面接触不良,以至造成打火并灼伤工件,因此,通电时不应该移动触头。另外,最好采用铝或钢的编织管触头或衬垫,而不用铜来作支杆电极触头,因为当电弧发生时,铜有可能渗入工件影响金属组织形成裂纹。

采用中心导体法磁化时,芯棒的材料可用导电良好并具有一定强度的铜或铝棒(管)。一般不用钢铁作中心导体,主要原因是钢铁的电阻率较大,磁化时容易发热影响操作。检测时,要注意通电导体应尽可能地置于工件中心。这样不仅有利于工件表面得到的磁化均匀,而且也避免因工件的重心不稳而影响转动的灵活。当芯棒位于管形工件中心附近时,工件上的磁场是均匀的。但工件直径较大且芯棒远离工件中心时,工件上的磁场是不均匀的,靠近芯棒处磁性较强并且对于工件直径较大的检测设备又不能提供足够的电流时,可以采用偏置芯棒法进行检测。检测时芯棒应与工件内表面接触,并不断转动工件(或移动芯棒)进行检测。这时应注意分段磁化并且相邻区域有一定的重叠面。采用中心导体法时还应当注意,当芯棒上的工件放置好并已调定了电流后,不能再随意增减工件数量,因为增减工件都将会改变磁化电流,引起磁化磁场的改变。

4) 纵向磁化注意事项

采用线圈法进行纵向磁化时,工件一般应平行于线圈轴放置于内壁。如果工件较短($L/D<2$),可以将数个短工件串联在一起检测,或者在工件两端上加接延长块检测。若工件长度远大于线圈直径,由于线圈有效磁化范围的影响,应对工件进行分段磁化。分段时每段不应超过线圈直径的一半。磁化时还应注意每段区间之间的覆盖。线圈磁化时,要注意直流线圈和交流线圈的区别。直流线圈的磁场一般都较强,使用时不能手持工件放入已通电的线圈。由于线圈磁化时工件两端的磁场是发散的,端头面上的横向缺陷不易得到显示,直流线圈表现得更为明显。这时可以使用快速切断电流的方法解决这一问题。快速切断电流时,由于自感的作用,垂直于工件的截面上将感应产生闭合电流,这种感应电流产生的磁场正好与缺陷构成一定角度,使缺陷能被检测出来。

用磁轭法进行纵向磁化时,磁极与工件间的接触要好,否则将产生很大的漏磁场影响检测灵敏度。极间磁轭法检测时要注意长工件磁化时中间部位可能磁化不足,同时要注意工件的横截面不能大于磁轭截面。使用便携式磁轭及交叉磁轭旋转磁场检测时,应注意磁极与工件的间隙不能过大。如果有较大间隙存在,接触处将有很强的漏磁场吸引磁粉,不仅形成检测的盲区同时还降低了工件表面的磁场强度。另外,还应注意磁轭在工件上的有效检测范围和每次检测间的重叠区域,保持一定的覆盖面。同时,磁轭在工件上的行走(移动)要注意方向,一般应自上而下,防止因磁悬液流淌干扰已形成的磁痕;行走速度也要适宜,不要因速度过快而造成漏检。

组合多向磁化时应采用连续法进行检测，分别按相关磁化方法进行调整。

3. 磁痕观察、评定与记录

(1) 磁痕观察的环境

磁痕是磁粉在工件表面形成的图像，又叫作磁粉显示。观察磁粉观察应该在宽敞、整洁且通风良好且无强光刺眼的环境中进行，并应满足标准规定的光照条件。

采用白光检测非荧光磁粉或磁悬液显示的工件时，应能清晰地观察到工件表面的微细缺陷。若使用荧光磁悬液时，必须采用符合要求紫外线灯，并在有合适的暗室或暗区的环境中进行观察。刚开始在紫外灯下观察时，检测人员应有暗场适应时间，一般不应少于 5 min，以使眼睛适应在暗光下进行观察。

(2) 磁痕观察的方法

对工件上形成的磁痕应及时观察和评定。通常观察在施加磁粉结束后磁痕生成时进行，在用连续法检测时，也可以在进行磁化的同时检测工件，观察磁痕。

观察磁痕时，首先要对整个检测面进行检测，对磁粉显示的分布大致了解。对一些体积太大或太长的工件，可以划定区域分片观察。对一些旋转体的工件，可画出观察起始位置再进行磁痕检测。在观察可能受到妨碍的场合，可将工件从探伤机上取下仔细检测。取下工件检测时，特别是采用连续法检测时，应及时观察。

在整个观察过程中，注意不要擦掉已形成的磁痕或使其模糊。如果磁粉痕迹擦掉了，或者磁痕不清晰以及存在疑问都要进行复验。某些已被发现又被排除(用修挫、打磨、熔补等)的缺陷也必须进行重新检测，直至缺陷被完全消除。

观察时，要仔细辨认磁痕的形态特征，了解其分布状况，结合其加工过程，正确进行识别。对一些不清楚的缺陷磁痕，可以重复进行磁化，必要时还可加大磁化电流进行磁化，也可以采用低倍放大镜(2～10 倍)对磁痕进行观察。

观察时，检测人员不准戴墨镜或光敏镜片眼镜，但可以戴防护紫外辐射的眼镜。由于观察人员眼睛容易疲劳，在连续观察一定时间(如 1 h)后应适当休息 10～15 min，以保证眼睛的正常工作。

(3) 材料不连续的认识与评定

材料的均匀状态(致密性)受到破坏，自然结构发生突然变异叫作不连续。这种受到破坏的均质状态可能是材料中固有的，也可能是人为制造的。而通常影响材料使用的不连续性就叫作缺陷、伤或疵病。

并非所有的磁粉显示都是缺陷磁痕。除缺陷能产生磁痕外，工件几何形状和截面的变化、表面预清理不当、过饱和磁化、金相组织变化等也可能产生磁粉显示(非相关显示)；由于操作不当还可能形成磁粉的假显示。应当根据工件的工艺特点和磁粉的不同显示分析磁痕产生的原因，确定磁痕的性质。

对工件来说，不是有了缺陷就要报废。因此，对有缺陷磁痕的工件，应该按照验收技术条件(标准)对工件上的磁痕进行评定。不同产品有不同的验收标准，同一产品在不同使用地方也有不同要求。比如发纹在某些产品上是不允许的，但在另一些产品上则是无所谓的了。因此，严格按照验收标准评定缺陷磁痕是必不可少的工作。

(4) 磁痕的记录与保存

磁粉检测主要是靠磁痕图像来显现缺陷的。应该对磁痕情况进行记录,对一些重要的磁痕还应该复制和保存,以作评定和使用的参考。

可以用下列一种或数种方式记录显示:

1) 文字描述;

2) 草图;

3) 照片;

4) 透明胶带;

5) 透明漆“凝结”被检表面的显示;

6) 可剥离的反差增强剂;

7) 录像;

8) 环氧树脂或化学磁粉混合物;

9) 磁带;

10) 电子扫描。

对记录下的磁痕图像,应按规定加以保存。对一些典型缺陷的磁痕,最好能够做永久性记录。

4. 试验记录与检测报告

(1) 试验记录

试验记录应由检测人员及时填写。记录上应真实准确记下工件检测时的有关技术数据并反映检测过程是否符合工艺说明书(图表)的要求,并且具有可追踪性。

记录主要应包括以下内容:

1) 记录编号;

2) 检测执行的工艺规程和(或)操作指导书编号;

3) 检测技术要求:执行标准和合格级别;

4) 检测对象:承压设备类别,检测对象的名称、编号、规格尺寸、材质和热处理状态、检测部位和检测比例、检测时的表面状态、检测时机;

5) 检测设备和器材:名称、规格型号和编号;

6) 磁粉种类、磁悬液浓度和施加磁粉的方法;

7) 磁化方法、电流类型和磁化规范;

8) 环境条件;

9) 检测灵敏度校验、标准试片或标准试块;

10) 检测工艺参数;

11) 检测部位或其示意图;

12) 相关显示记录及其位置示意图;

13) 原始检测数据;

14) 检测数据的评定结果;

15) 检测人员和复核人员签字;

16) 检测日期和地点。

(2) 检测报告

检测报告是关于检测结论的正式文件,应根据委托检测单位要求做出,并由检测责任人员等签字。检测报告可按有关要求制定。一般应包括以下内容:

1) 委托单位、被检工件名称和编号;

2) 报告编号;

3) 检测技术要求:执行标准和合格级别;

4) 检测对象:承压设备类别,检测对象的名称、编号、规格尺寸、材质和热处理状态、检测部位和检测比例、检测时的表面状态、检测时机;

5) 检测设备和器材:名称、规格型号和编号;

6) 检测工艺参数;检测部位示意图;

7) 检测结果、检测结论、质量等级评定;

8) 编制者(级别)和审核者(级别);

9) 编制日期;

10) 报告签发及日期。

(3) 检测报告的核查

必要时可对检测报告进行核查。核查可选择以下方法:

1) 复核者重新检测;

2) 在工件上贴合适的试片,观察试片的显示情况;

3) 用已使用过的对比试块观察显示情况;

4) 进行综合性能试验。以验证检测结果无误

5. 退磁

(1) 退磁的原理和方法

1) 退磁原理

退磁的目的是打乱由于试件磁化引起的磁畴方向排列的一致,让磁畴恢复到未磁化前的那种杂乱无章的磁中性状态,亦即 $\boldsymbol{B}_r=0$。退磁是磁化的逆过程。

打乱磁畴排布的方法常用有两种,即热处理退磁和反转磁场退磁。

热处理退磁是将材料加热到居里温度以上,使铁磁质变为顺磁质而失去磁性。这种方法适用于需要加热到居里温度以上的试件。反转磁场退磁实际上是运用了磁化技术的逆过程,即在试件上不断变换磁场方向的同时,逐渐减少磁化磁场的强度,使材料的反复磁滞回线面积不断减小直到零(磁中性点)。这时 $\boldsymbol{B}_r=0$,$\boldsymbol{H}_c=0$,材料达到了磁中性状态。这种方法是磁粉检测中最为广泛应用的退磁方法。

反转磁场退磁有两个必须的条件,即退磁的磁场方向一定要不断地正反变化,与此同时,退磁的磁场强度一定要从大到小(足以克服矫顽力)不断地减少。图 3-18 说明了退磁的原理。

2) 退磁的主要方法

① 交流退磁

用交流磁化的工件一般采用交流电退磁。退磁方法有线圈通过法和磁场衰减法等。所谓线圈通过法是将磁化工件缓慢通过退磁线圈至线圈外一定距离;而磁场衰减法是利用交

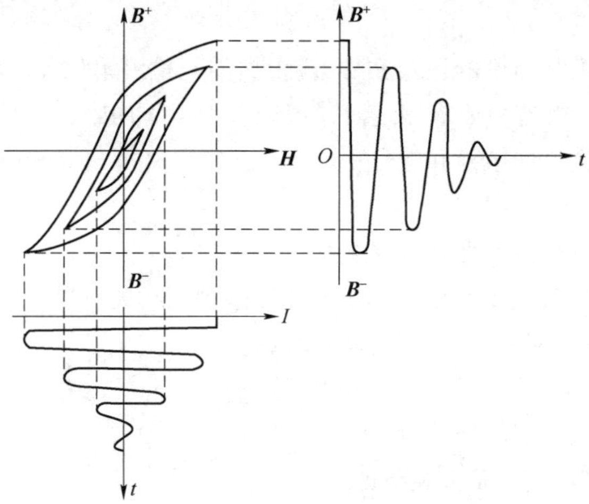

图 3-18 退磁原理

流电的方向不断换向并对其电流进行逐渐减少至零。二者都是利用交流电的自动换向和人工控制磁场减少的方法进行退磁。

对批量中小型工件的退磁,最好把工件放在装有轨道和小车的退磁机上退磁。采用磁场衰减法进行退磁时一般应安装自动衰减退磁装置。方法是调节调压可控硅的导通角,或调整自耦变压器输入电压,从而逐渐降低电流为零进行退磁。

在交流退磁中,还可采用交流电磁轭进行退磁。使用时,将电磁轭放在工件上缓慢移动离开工件即达到退磁目的。这种方法一般应用于平板类工件。

② 直流退磁

直流磁化的工件应该采用直流退磁。如果直流磁化过的工件用交流退磁,由于交流磁场有明显的集肤效应,工件深处的剩磁仍可保留,工件直径大于 50 mm 时尤其如此。

直流退磁有换向衰减退磁和超低频电流自动退磁等方法。直流换向衰减退磁是通过不断改变直流电(包括三相全波整流电)的方向,同时使通过工件的磁化电流递减至零进行退磁。电流换向与衰减的次数应尽可能多(一般要求 30 次以上),每次衰减的电流幅度应尽可能小。如果衰减太大,则达不到退磁目的。超低频电流自动退磁是利用超低频电流(通常指频率为 0.5～10 Hz 电流)进行换向衰减退磁。超低频电流频率越低,退磁时磁场透入深度越大。

(2) 实现退磁的方法

如前所述,如果磁场不断反向并且逐步减少强度到零,则剩余磁场也会降低到零。磁场的反向和强度的下降可以用多种方法实现。

1) 磁场的换向可通过下述方式完成:

① 不断反转磁化场中的试件;

② 不断改变磁化场磁化电流的方向,使磁场不断改变方向;

③ 将磁化装置不断进行 180° 旋转,使磁场反复换向。

2) 磁场强度的减少可通过下述方式完成:

① 不断减少退磁场电流;

② 使试件逐步远离退磁磁场;

③ 使退磁磁场逐渐远离试件。

在退磁过程中,磁场方向反转的速率叫退磁频率。方向每转变一次,退磁的磁场强度也应该减少一部分。其需要的减小量和换向的次数,取决于试件材料的磁导率和试件形状以及剩磁的保存深度。材料磁导率低(剩磁大)及直流磁化后,退磁磁场换向的次数(退磁频率)应较多,每次下降的磁场值应较少,且每次停留的时间(周期)要略长。这样可以较好地打乱磁畴的排布。而对于磁导率高及退磁因子小的材料或经交流磁化的工件,由于剩磁较低,退磁磁场则可以比较大的阶跃下降。

退磁时的初始磁场值应大于工件磁化时的磁场,每次换向时磁场值的降低不宜过大或过小且应停留一定时间,这样才能有效地打乱工件中的磁畴排布。但在交流退磁中,由于换向频率是固定的,所以其退磁效果远不如超低频电流。

在实际的退磁方法中,以上的方法都有可能采用。如交流衰减退磁、交流线圈退磁及超低频电流退磁等。

一般说来,进行了周向磁化的工件退磁,应先进行一次纵向磁化。这是因为周向磁化时工件上的磁感应线完全被包含在闭合磁路中,没有自由磁极。若先在磁化的工件中建立一个纵向磁场,使周向剩余磁场和纵向磁场合成一个沿工件轴向的螺旋状多向磁场,然后再施加反转磁场使其退磁,这时退磁效果较好。

纵向磁化的工件退磁时,应该注意退磁磁场方向交变减少过程的频率。当退磁频率过高时,剩磁不容易退得干净,当交替变化的电流以超低频率运行时,退磁的效果较好。

采用交流磁化的工件,多用交流退磁;采用直流磁化的工件,多采用低频电流退磁。但应注意,采用可控硅作交流电压调整磁化的工件,有时由于断电相位的原因使工件带有较多的剩磁,这时可采用低频电流或用可控硅作电流衰减的方法进行退磁。

利用交流线圈退磁时,工件应缓慢通过线圈中心并移出线圈 1.5 米以外;若有可能时,应将工件在线圈中转动数次后移出有效磁场区,退磁效果会更好。但应注意,不宜将过多工件堆放在一起通过线圈退磁,由于交流电的集肤效应,堆放在中部的工件可能会退磁不足。最好的方法是将工件单一成排通过退磁线圈,以加强退磁效果。

采用扁平线圈或“Π”形交流磁轭退磁时,应将工件表面贴近线圈平面或“Π”形交流磁轭的磁极处,并让工件和退磁装置做相对运动。工件的每一个部分都要经过扁平线圈的中心或“Π”形磁轭的磁极,将工件远离它们后才能切断电源。操作时,最好像电熨斗一样来回“熨”过几次,并注意一定的覆盖区,可取得较好的效果。

长工件在线圈中退磁时,为了减少地磁的影响,退磁线圈最好东西方向放置,使线圈轴与地磁方向成直角。

(3) 退磁效果的测量

退磁效果用专门仪器检查(一般采用磁强计进行检查),应达到规定的要求。一般要求不大于 0.3 mT。测量时,应将磁强计上标箭头处与测试部位接触,即可读出该点的剩磁值。检查时,应特别注意容易产生磁极的地方,如纵向磁化时的工件端面,工件上的槽孔处等。

在要求不很高时也可用大头针来检查,方法是用退磁后的工件磁极部位吸引大头针,如吸不上大头针则符合退磁要求。

6. 后处理

(1) 工件的标记和处理

1) 合格件的标记和处理

经磁粉检测并已确定合格的工件应做出明显标记,标记的方法和部位需事先由设计或工艺部门同意,而且应当不影响工件的使用和以后的检测工作。

工件做好标记后,填好原始检测记录,进行后清洗。

2) 不合格工件的处理

磁粉检测拒收的工件,也应做好明显的标记,由委托单位连同检测报告或故障单送工程部门或其委托单位处理,或者排除、修补,或者报废。检测单位接到处理文件后对返工工件重新进行检测。注意！严防拒收件混入合格工件中去。

(2) 后清洗

经过退磁的工件,如果附着的磁粉不影响使用时,可不进行清理。但如果残留的磁粉影响以后加工或使用时,则在检测后必须清理。

清理主要采用以下方法：

1) 除去表面残留磁粉和油迹。可用合适的溶剂清洗,采用刷、压缩空气吹或其他方法进行。清洗中,应注意清洗工件表面应包括孔内,裂纹和通路中的磁粉。也可以将磁粉烘干后进行清除。

2) 如果使用了封堵,应去掉封堵后再清洗。

3) 如果涂敷了反差增强剂,应清洗掉。

4) 使用水磁悬液检测的工件为防止表面生锈时,可以用脱水防锈油进行处理。脱水防锈油是用 5#复合剂和煤油按 1:2 的容积比混合配制而成。防锈油槽是一个上大下小的容器,槽上有盖,以防油的挥发,下面有放水阀,以便随时放水。当带水的工件放入槽中浸透时,工件表面的水分即被脱下,并同磁粉一起沉淀到油槽下部。取出工件后。工件表面即上了一层防锈油,当槽中的水超过一定限量时,应打开阀排水并及时补充脱水防锈油。

思考题

1. 磁化方法有哪些种类？常用的主要磁化方法有哪些？
2. 通电法和中心导体法有何差异？其磁场分布有什么不同？如何计算其磁化电流？
3. 触头通电法的有效磁化范围如何确定？怎样选取磁化电流？
4. 线圈法磁化时磁场是怎样分布的？
5. 固定式磁轭和便携式磁轭有何异同？
6. 通电法或中心导体法计算磁化电流的基本公式是什么？
7. 磁化规范选取有哪几种主要方法？

第四章　磁粉检测技术的应用

这里主要介绍承压设备焊缝的磁粉检测典型方法，同时介绍磁粉检测在锻钢件、铸钢件的应用。

第一节　焊接件磁粉检测

焊接技术是一种普遍应用的技术。它是在局部熔化或加热加压的情况下，利用原子之间的扩散与结合，使分离的金属材料牢固地连接起来，成为一个整体的过程。焊接技术广泛用于工业建设和军工生产中。良好的焊接接头是焊接质量的重要保证。因此，必须加强对焊接件的检测，对危害焊接质量的缺陷及时发现与排除。

金属焊接方法种类很多，主要有熔焊、压焊和钎焊三大类。磁粉检测经常遇到的是熔焊。常用的熔焊方法有气焊、电弧焊、埋弧焊、电阻焊、等离子焊以及特种焊接：激光焊、电子束焊等。焊接结构材料包括碳素钢、各种低合金钢以及不锈钢等。

磁粉检测主要对熔焊形成的焊接接头进行检测。焊接接头形式繁多，有对接、搭接、角接、端接与T型接头等。

由于几何上的不连续性，力学性能上的不均匀性，焊接变形与残余应力的存在。因此，焊缝在耐高温、耐腐蚀与耐疲劳等行为都远不及母材，往往是事故的源发区。所以国内外对焊缝的性能异常与缺陷的检测都给予很大的重视。

一、焊接件检测的内容与范围

1. 坡口检测

坡口可能出现的缺陷有分层和裂纹，前者是轧制缺陷，它平行于钢板表面，一般分布在板厚中心附近。裂纹有两种，一种是沿分层端部开裂的裂纹，方向大多平行于板面；另一种是火焰切割裂纹。坡口检测的范围是坡口和钝边。

2. 焊接过程中的检测

(1) 层间检测

某些焊接性能差的钢种要求每焊一层检测一次，发现裂纹及时处理，确认无缺陷后再继续施焊。另一种情况是特厚板焊接，在检测内部缺陷有困难时，可以每焊一层磁粉检测一次。检测范围是焊缝金属及临近坡口。

(2) 电弧气刨面的检测

目的是检测电弧气刨造成的表面增碳导致产生的裂纹。检测范围应包括电弧气刨面和临近的坡口。

3. 焊缝检测

焊缝检测的目的主要是检测焊接裂纹等焊接缺陷。检测范围应包括焊缝金属及母材的热影响区，热影响区的宽度大约为焊缝宽度的一半。因此，要求检测的宽度应为两倍焊缝宽度。

4. 机械损伤部位的检测

在组装过程中，往往需要在焊接部件的某些位置焊上临时性的吊耳和卡具，施焊完毕后要割掉，在这些部位有可能产生裂纹，需要检测。这种损伤部位的面积不大，一般从几平方厘米到十几平方厘米。

二、检测方法选择

1. 磁轭法

磁轭法是在承压设备焊缝检测中常用的方法之一。其优点是设备简单、操作方便。但是磁轭只能单方向磁化工件，因此，为了检出各个方向的缺陷，必须在同一部位至少做两次互相垂直的检测。探焊缝纵向缺陷时，将磁轭垂直跨过焊缝放置。探焊缝横向缺陷时将磁轭平行焊缝放置。磁轭的磁极间距 L 应控制在 75～200 mm 之间。但磁极连线间距应 $L \geqslant 75$ mm，两次磁化间的两磁轭间距 $b \leqslant L/2$，提升力要符合要求。检测平板对接焊缝如图 4-1 和图 4-2 所示；检测 T 型焊缝如图 4-3 所示；检测管板焊缝如图 4-4 所示；检测角焊缝如图 4-5 所示。

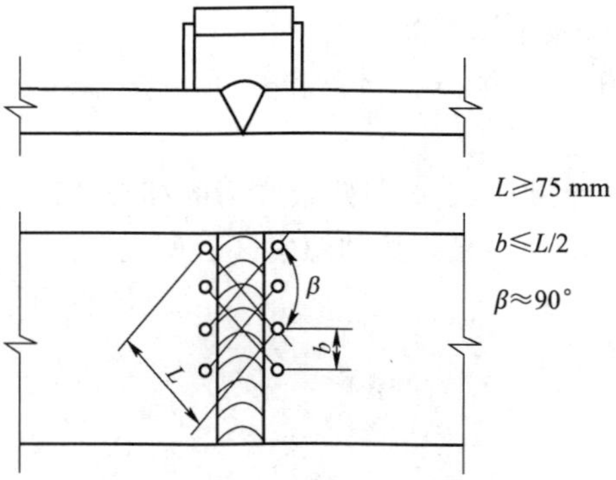

图 4-1 检测平板对接焊缝

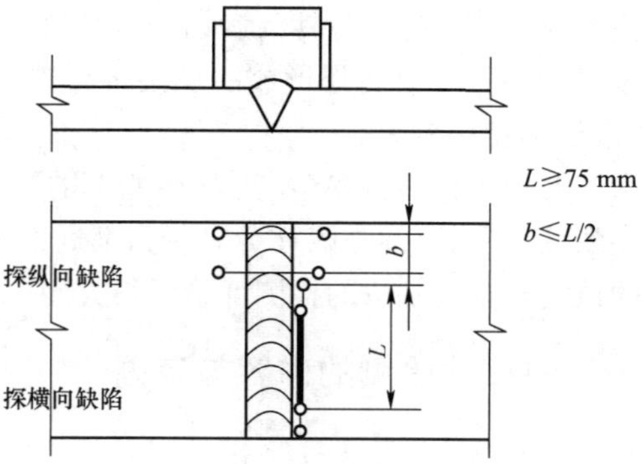

图 4-2 检测平板对接焊缝

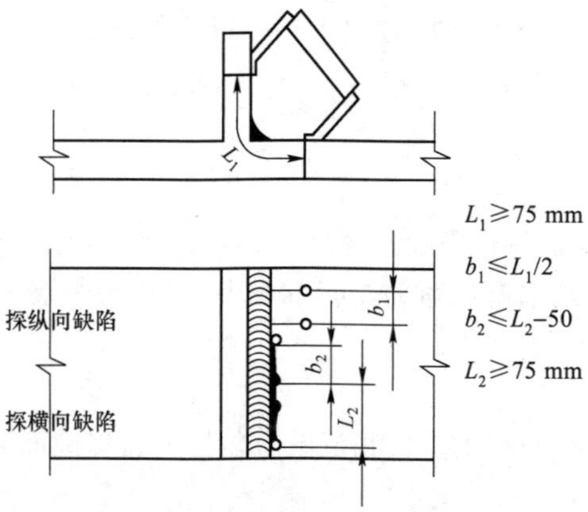

图 4-3 检测 T 型焊缝

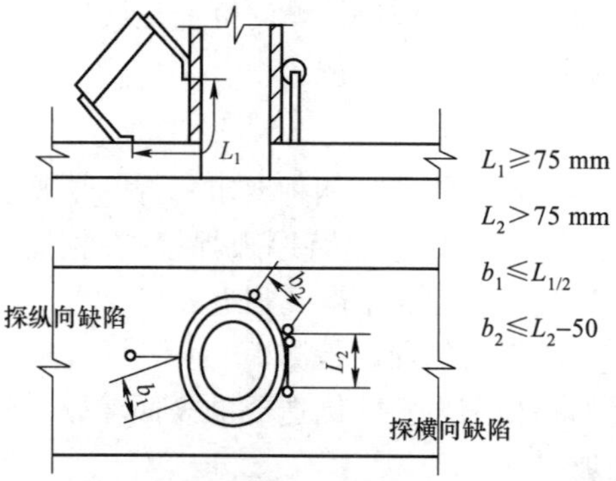

图 4-4 检测管板焊缝

2. 触头法

触头法也是单方向磁化的方法。也是在承压设备焊缝检测中常用的方法之一。其主要优点是电极间距可以调节，可根据检测部位情况及灵敏度要求确定电极间距和电流大小。检测时为避免漏检，同一部位也要进行两次互相垂直的检测。探焊缝纵向缺陷时，将触头平行焊缝放置。探焊缝横向缺陷时，将触头垂直跨过焊缝放置。触头法的电极应控制在 75～200 mm。但触头连线间距应 $L \geqslant 75$ mm，两次磁化间的两触头间距 $b \leqslant L/2$。触头法磁化电流值I按表 3-6 计算，触头法检测平板对接焊缝如图 4-6 和 4-7 所示；检测 T 型焊缝如图 4-8 所示；检测管板焊缝如图 4-9 所示；检测角焊缝如图 4-10 所示。

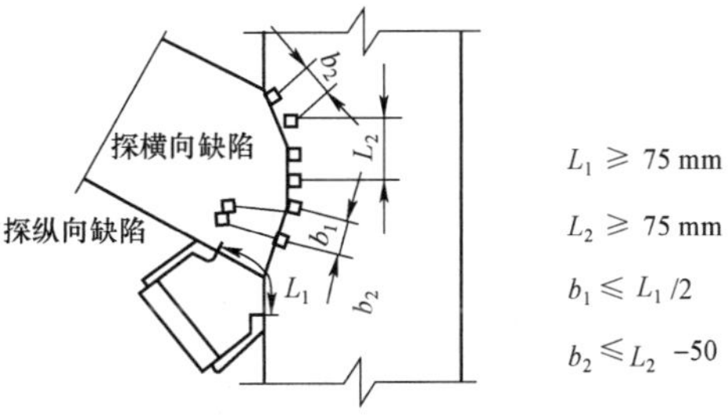

图 4-5 检测角焊缝

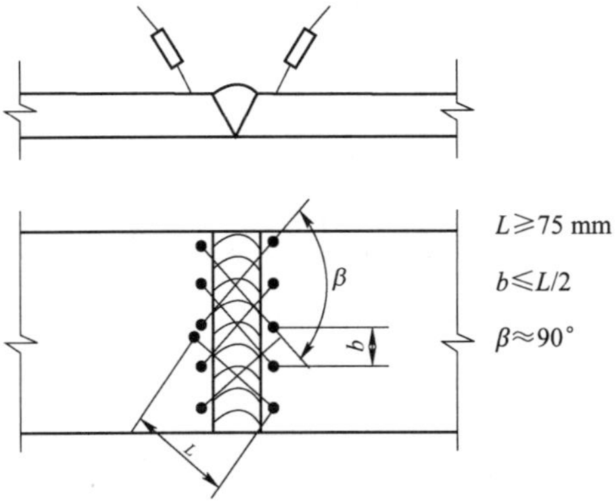

图 4-6 检测平板对接焊缝

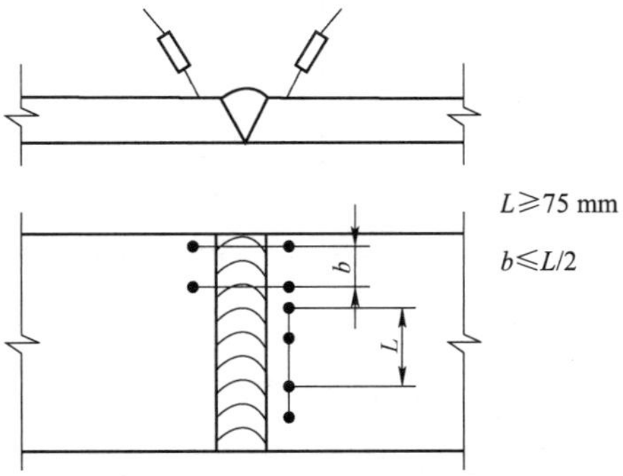

图 4-7 检测平板对接焊缝

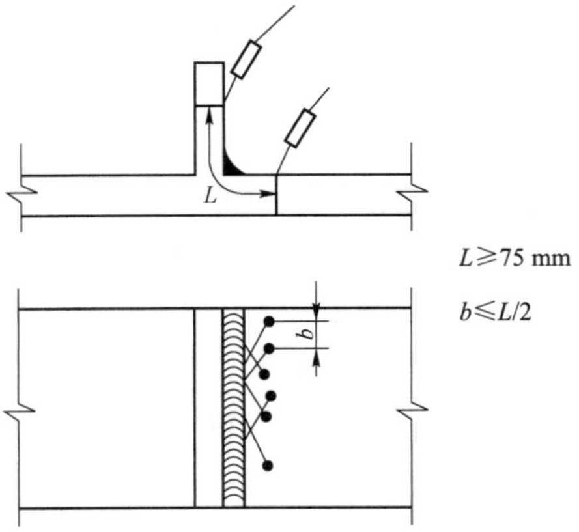

图 4-8 检测 T 型焊缝

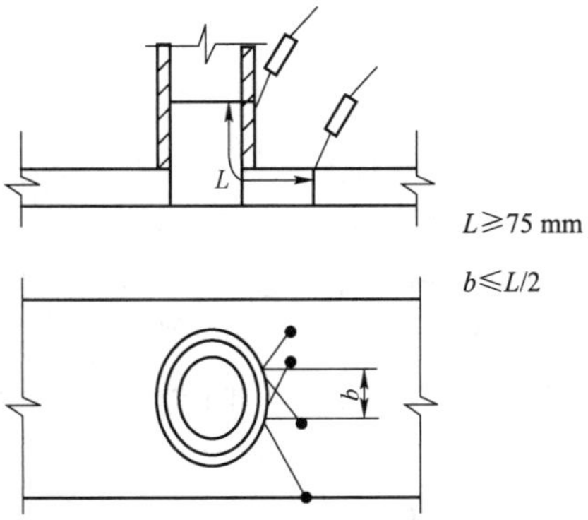

图 4-9 检测管板焊缝

3. 绕电缆法

绕电缆法用于探焊缝纵向缺陷，a 为焊缝与电缆之间的间距，20 mm$\leqslant a \leqslant$50 mm。检测对接焊缝如图 4-11 所示；检测管板焊缝如图 4-12 所示；检测角焊缝如图 4-13 所示。

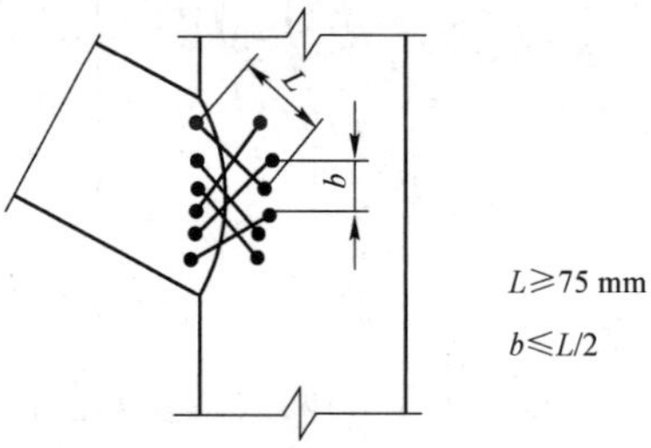

图 4-10　检测角焊缝

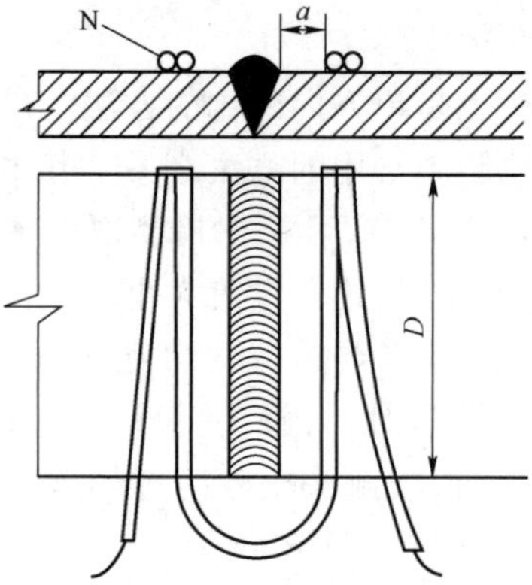

图 4-11　检测对接焊缝

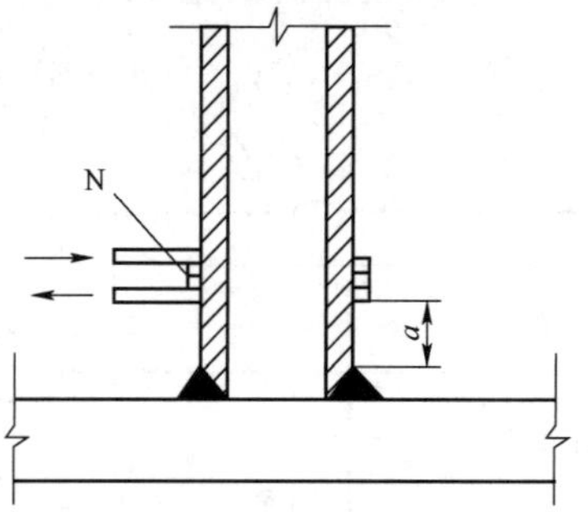

图 4-12　检测管板焊缝

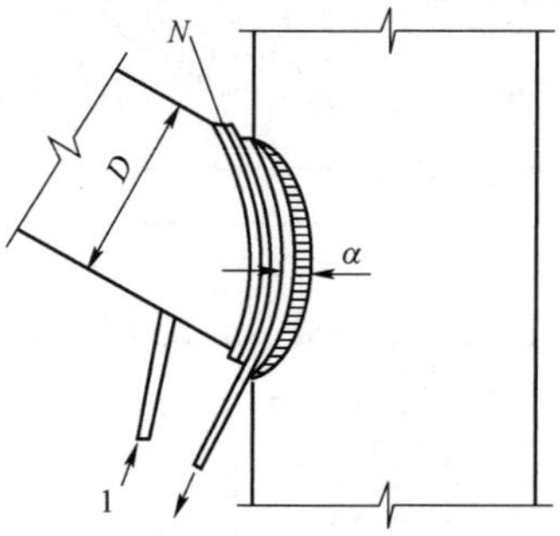

图 4-13　检测角焊缝

4. 交叉磁轭法

用交叉磁轭旋转磁场磁化的方法检测焊缝表面裂纹可以得到满意的效果。其主要优点是灵敏、可靠并且检测效率高。目前在焊缝检测中尤其在锅炉压力容器磁粉检测中应用最为广泛。

使用交叉磁轭检测焊缝时应当注意以下几个问题：

(1) 磁极端面与工件表面的间隙不宜过大。

磁极端面与工件表面之间保持一定间隙是为了交叉磁轭能在被探工件上移动行走。如果间隙过大，将会在间隙处产生较大的漏磁场。这个漏磁场一方面会消耗磁势使线圈发热；另一方面将扩大磁极端面附近产生的检测盲区，从而缩小检测有效磁化区。因此，在选购交叉磁轭时应当注意这个问题。一般来说，此间隙在保证能行走的情况下越小越好，如 0.5 mm，提升力大于 118 N。

(2) 交叉磁轭的行走速度要适宜

与其他方法不同，使用交叉磁轭时通常是连续行走检测。而且从检测效果来说，连续行走检测比固定不动检测不仅效率高，而且可靠性高。只要操作无误，不会造成漏检。

交叉磁轭相对于工件做相对移动，也就是磁化场随着交叉磁轭在工件表面移动。对于在工件表面有效磁化场内的任意一点来说，始终在一个变化着的旋转磁场作用下，因此在被探面上任意方向的裂纹都有与有效磁场最大幅值正交的机会，从而得到最大限度的缺陷漏磁场，这就是使用交叉磁轭旋转磁场检测的独特之处，是其他磁化方法所不及的。

交叉磁轭行走速度最快不超过 4 m/min,灵敏度和行走速度应根据试片上磁痕显示来确定。

(3) 磁悬液的喷洒原则

为了避免磁悬液的流动而冲刷掉缺陷上已经形成的磁痕,并使磁粉有足够时间聚集到缺陷处,喷洒磁悬液的原则是:在检测球罐环缝时,磁悬液应喷洒在行走方向的前上方,如图 4-14 所示;在检测球罐的纵缝时,磁悬液应喷洒在行走方向的正前方,如图 4-15 所示。

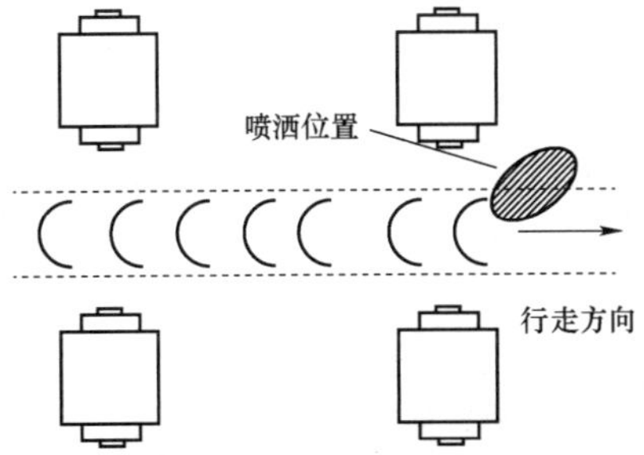

图 4-14　检测球罐环缝磁悬液喷洒位置

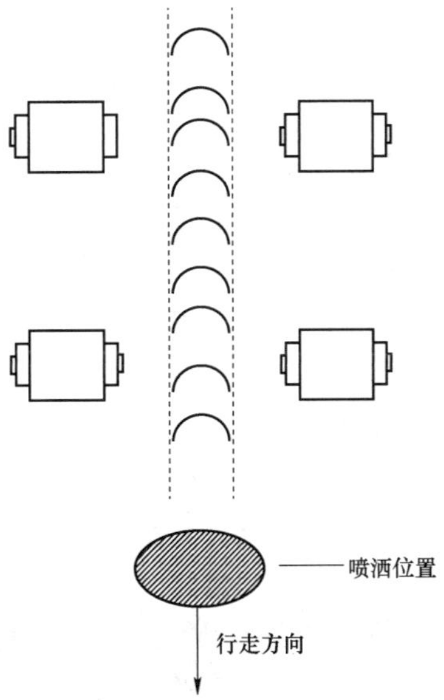

图 4-15　检测球罐纵缝磁悬液喷洒位置

(4) 观察磁痕在磁轭通过后尽快进行

用交叉磁轭检测时通常是在交叉磁轭通过检测部位之后,尽快观察辨认有无缺陷磁痕,以免磁痕显示被破坏。

三、焊接件检测实例

1. 坡口检测

利用触头法沿坡口纵长方向磁化,是检测坡口表面与电流方向平行的分层和裂纹最有效的方法,操作方便,检测灵敏度高。检测时,在触头上应垫上铅垫或包上铜编织网,以防打火烧伤坡口表面。也可以用交叉磁轭检测坡口的缺陷。检测时把交叉磁轭置于靠近坡口的钢板表面上,连续行走磁化检测,如图 4-16 所示。尽管旋转磁场的外测磁场较弱,但靠近交叉磁轭很近处的有效磁化区内仍可以检测出缺陷。当利用外测磁场检测时,必须用 A1:15/100 试片试验检测灵敏度和有效磁化区。

2. 电弧气刨面的检测

检测时,把交叉磁轭跨在电弧气刨沟槽中间,如图 4-17 所示,沿沟槽方向连续行走磁化检测。并应根据电弧气刨面采用喷洒磁悬液的方法,原则是交叉磁轭通过后不得使磁悬液残留在气刨沟槽内,否则将无法观察磁痕显示。

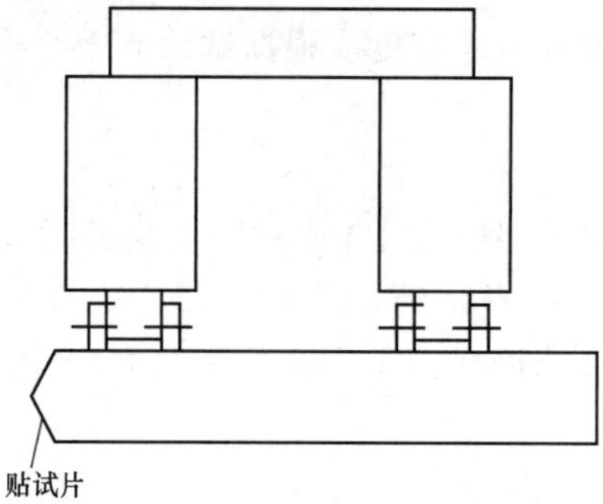

图 4-16 交叉磁轭检测坡口图

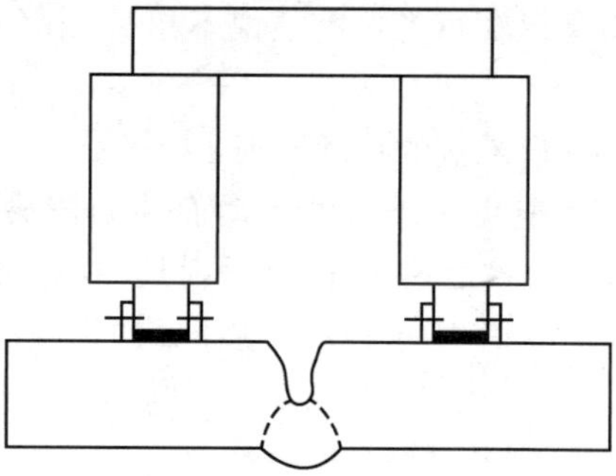

图 4-17 交叉磁轭检测电弧气刨面

3. 带摇臂轴的检测

带摇臂轴是飞机上重要的受力件，如图 4-18 所示。材料为 30CrMnSiNi2A，焊接后进行热处理。

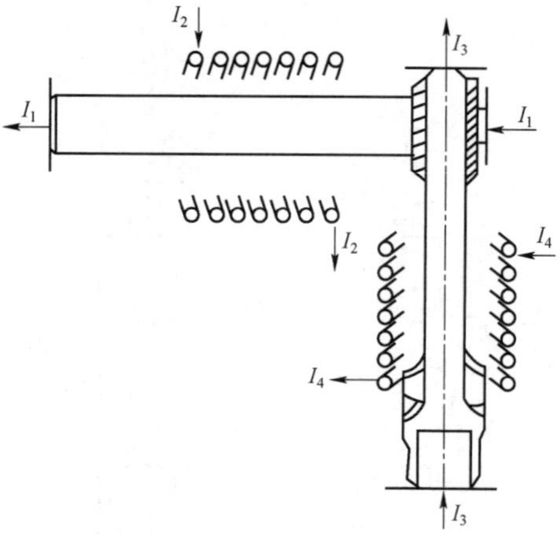

图 4-18 带摇臂轴

磁粉检测的主要操作程序如下：

（1）焊接前，对摇臂和轴分别进行磁粉检测，合格后再焊接。

（2）焊接后，在固定式磁粉探伤机上进行两次周向磁化，并用湿式连续法检测焊缝及热影响区。

（3）热处理后，在固定式磁粉探伤机上再进行两次周向磁化，并在线圈内进行两次纵向磁化，用湿式剩磁法检测焊缝及整个工件。

（4）检测合格后，对工件退磁。

4. 球形压力容器的开罐检测

现以手工电弧焊焊接的球形容器开罐检测为例简述磁粉检测的实施方法。

（1）检测部位

球形容器的内、外侧所有焊缝（包括管板接头及柱腿与球皮连接处的角焊缝）和热影响区以及母材机械损伤部分。

（2）表面清整

应把焊缝表面的焊接波纹及热影响区表面的飞溅用砂轮进行打磨，不得有凹凸不平的棱角。若做过磁粉检测，已经打磨过，表面只有浮锈时，可用喷砂或钢丝刷除去焊缝及热影响区表面的浮锈。

（3）检测操作

检测操作应注意以下几点：

1）检测对接焊缝时，是把交叉磁轭跨在焊缝上连续行走检测。当检测球罐纵缝时，交叉磁轭行走方向要自上而下。

2）进出气孔及排污孔管板接头的角焊缝，用磁轭法或触头法紧靠管子边缘沿圆周方向检测。

3）母材机械损伤部分的面积一般都不大，检测时可用磁轭法进行检测。

4）柱腿与球皮连接处的角焊缝，由于位置关系无法用交叉磁轭检测，多数用磁轭法检测。

第二节　锻钢件磁粉检测

一、锻钢件检测方法选择

选择锻钢件检测设备和工艺时，应考虑工件的尺寸形状、材料磁性、检测部位、灵敏度要求和生产效率等因素，原则上建议做如下考虑：

（1）不能搬上固定式检测设备的大型工件，采用触头法、磁轭法或绕电缆法进行局部检测。

（2）形状复杂较大的轴类工件（例如曲轴等）采用连续法，并用轴向通电法和线圈法开路分段磁化，建议不采用剩磁法。

（3）尺寸较小的轴类、销子、转向接臂、齿圈、刀具等可分别选用通电法、中心导体法以及线圈开路或闭路磁化法。至于哪些工件采用剩磁法，可根据工件的形状、材料磁性和热处理状态来确定。对于批量大的工件最好用传送带进行半自动检测，以提高工效。

二、锻钢件检测实例

1. 曲轴磁粉检测

曲轴有模锻和自由锻两种，以模锻居多。

（1）检测方法

曲轴形状复杂且有一定的长度，可采用连续法，并用轴向通电法进行周向磁化，线圈法分段进行纵向磁化，如图 4-19 所示。

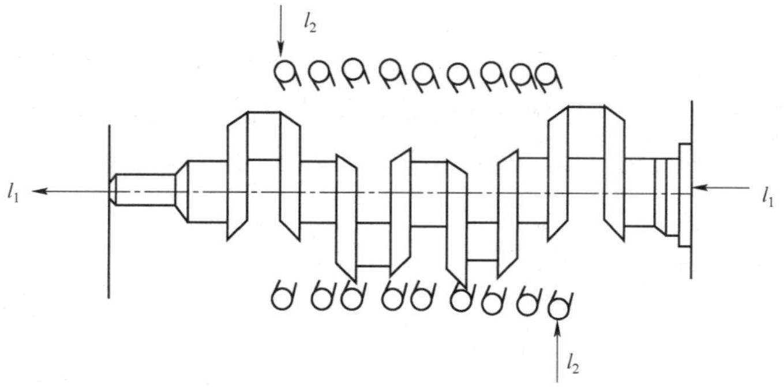

图 4-19　曲轴检测

（2）缺陷特征

曲轴上的缺陷特征为：

1）剪切裂纹分布于大小头端部，横穿截面明显可见。

2）原材料发纹沿锻造流线分布，长的可贯通整个曲轴，短的为 1～2 mm。出现部位无规律，且与整批钢材质量有关。非金属夹杂严重者在淬火时有的会发展为淬火裂纹，两侧无脱碳,借此可与锻造裂纹相区别。

3）皮下气孔锻造后呈短而齐头的线状分布。

4）锻造裂纹磁痕曲折粗大浓密清晰。

5）折叠在锻造滚光和拔长对挤时形成。前者磁痕与纵向成一角度出现,后者在金属流动较差部位呈横向圆弧形分布。

6）感应加热引起的喷水裂纹呈网状,成群分布在圆周过渡区。长度从几毫米开始,深度一般不超过 0.1 mm,磁痕很细,检测工艺不当容易漏检。

7）油孔淬裂起因于感应加热时热应力分布不均,深度一般大于 0.5 mm,长度不等,裂纹由孔向外扩展,个别位于油孔附近。可单个存在,或多条呈辐射状分布。裂纹始端在厚薄过渡区,而不是在最薄部位。

8）矫正裂纹多集中在淬硬层过渡带。

9）磨削裂纹是由于曲轴感应加热时已存在一定程度的热应力,在粗磨和精磨过程中又叠加组织应力和热应力,导致开裂。裂纹垂直于磨削方向呈平行分布。

2. 塔形试样磁粉检测

塔形件是用于抽样检测轧制钢棒和钢管原材料缺陷的试验件,磁粉检测主要为了检测发纹和非金属夹杂物。

检测塔形件应做如下考虑:

(1) 发纹都是沿轴向或成一夹角,所以只进行轴向通电法检测。

(2) 塔形件都是在热处理前检测,所以采用湿式连续法。

(3) 磁化电流可按各台阶的直径分别计算,磁化和检测的顺序是从最小直径到最大直径,逐阶磁化检测,也可先按最大直径选择电流检测塔形件的所有表面,若发现缺陷,再按相应直径规定的磁化电流磁化和检测。如图 4-20 所示。

(4) 如果磁粉检测不能对缺陷定性时,可用酸浸法试验验证和定性。

3. 万向接头磁粉检测

万向接头是受力的锻钢件,如图 4-21 所示。由于缺陷方向不能预估,所以至少应在两个以上方向磁化,可在固定式磁粉探伤机上用湿法连续法检测。磁化方法如下:

(1) 孔周围是关键受力部位,应采用中心导体法磁化和检测孔内、外表面及端面的缺陷。

(2) 用轴向通电法进行周向磁化,检测纵向缺陷。

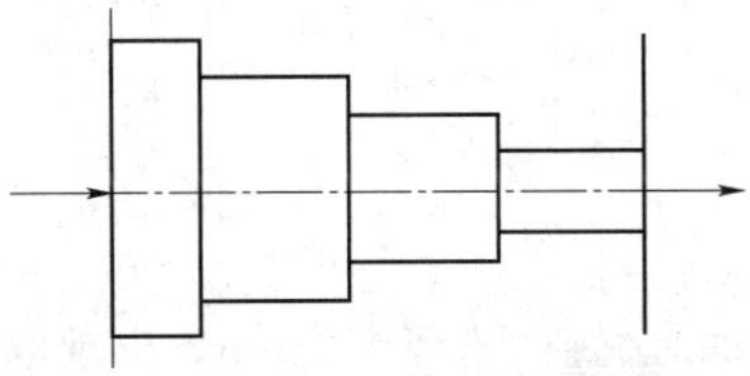

图 4-20　塔形试样

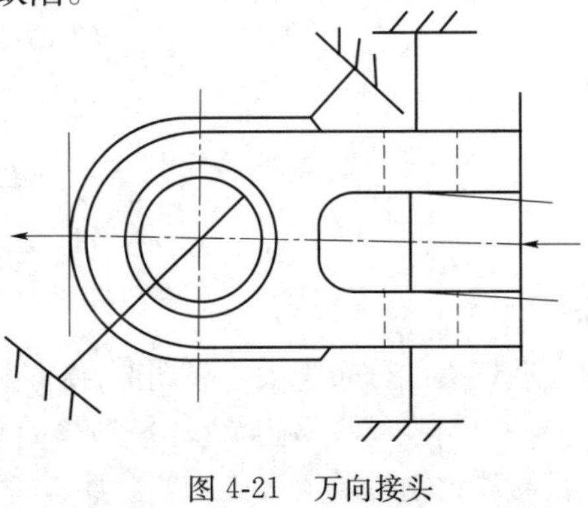

图 4-21　万向接头

（3）在线圈内纵向磁化，检测横向缺陷。纵向磁化 $L/D<2$ 时应采用延长块接长。

第三节　铸钢件磁粉检测

一、铸钢件检测的特点

铸钢件由于易成型为复杂工件而被广泛利用。铸钢件种类繁多，大的砂型铸钢件，重达数吨，一般表面粗糙，形状复杂；精密铸钢件形状复杂，体积较小，但表面较光。

铸钢件磁粉检测一般可做如下考虑：

（1）精密铸钢件体积小、重量轻、加工量也少，要求检出表面微小缺陷，所以应在固定式磁粉探伤机上至少两个方向磁化，并用湿法检测。

（2）砂型铸钢件一般体积和重量较大，壁较厚，要求检出表面和近表面较大的缺陷，所以应采用单相半波整流电磁化，并用干法检测，以检出锻造裂纹和皮下气孔、夹渣等缺陷。磁化方法可选用触头法和磁轭法局部检测。

（3）铸钢件由于内应力的影响，有些裂纹延迟开裂，所以不应铸造后立即检测，而应等一两天后再检测。

（4）根据热处理状态，$\boldsymbol{B}_{\mathrm{r}}$ 和 $\boldsymbol{H}_{\mathrm{c}}$ 值，决定使用连续法还是剩磁法。

二、铸钢件检测实例

铸钢阀体如图 4-22 所示。形状复杂，表面粗糙，检测面积也很大，并且要求检测出表皮下有一定深度的缺陷，根据这个工件的特点，检测时要做如下考虑：

（1）阀体的体积很大，不可能放置在固定式磁粉探伤机上，所以要用移动式磁粉探伤机，到现场进行检测。

（2）由于要求检测出皮下缺陷，宜采用单相半波整流电。

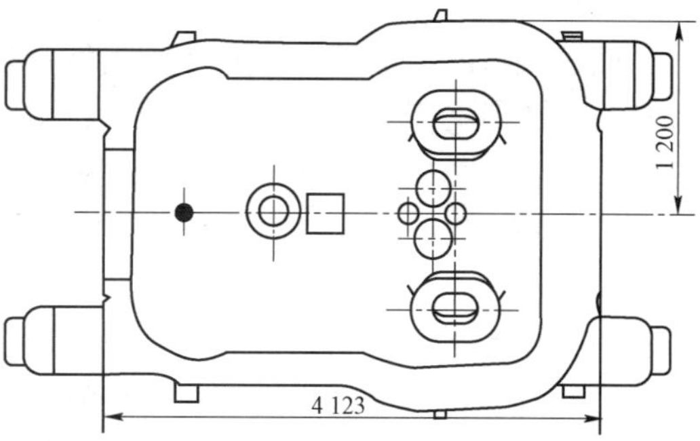

图 4-22　铸钢阀体

（3）工件表面粗糙，而且又是现场检测，宜采用干法检测。

具体操作程序如下：

1）清理受检表面，将工件表面的砂子、氧化皮、油污等清除，表面要完全干燥。

2）用触头法磁化，电流强度为 800 A，支杆间距 200 mm。

3）在电流接通的情况下，用喷粉器将磁粉均匀喷洒在工件上，随后用压缩空气吹走多余的磁粉，但风量要适当掌握，不要将缺陷上的已形成的磁痕吹掉。

4）切断电流，取下支杆电极。

5）在适当照明下观察缺陷。

阀体上常出现的缺陷有热裂纹和冷裂纹，表现为锯齿状的线条。缩孔表现不规则的、面积大小不等的斑点。夹杂表现为羽毛状的条纹。

第四节 磁痕分析与缺陷评定

一、磁痕分析与缺陷评定的意义

1. 磁粉显示的分类

材料均质状态受到的破坏称为不连续，影响工件使用性能的不连续称为缺陷。磁粉检测的基本任务就是将铁磁性材料工件表面和近表面存在的缺陷在漏磁场的作用下以磁粉图像(磁痕)的形式显示出来。

并不是工件上所有漏磁场形成的磁痕都是缺陷。为了区别不是缺陷的磁痕，通常把缺陷产生的漏磁场所形成的磁粉显示称作相关显示，而把由于工件截面变化、材料磁导率差异等原因所产生的漏磁场所形成的磁粉显示称作非相关显示。除此之外，还有一些不是由于漏磁场产生的磁痕，称作假显示。非相关显示和假显示也叫作伪缺陷磁痕。

各种显示之间的区别是：

(1) 相关显示和非相关显示是由漏磁场吸附磁粉形成的；而假显示则不是由漏磁场吸附磁粉形成的。

(2) 非相关显示和假显示都不影响工件的使用性能，而只有超过验收标准规定的相关显示，才影响工件的使用性能。

2. 缺陷磁粉分析与评定的意义

缺陷磁痕的特征及分布揭示了缺陷的性质、形状、位置和数量。通过对缺陷的磁痕进行综合分析和评定，可以判断工件质量的优劣。应当正确地辨认和分析磁痕。

(1) 正确的磁痕分析与评定可以极大地避免漏检和错检。若将相关显示判为非相关显示，甚至为假显示，则会产生漏检。把本来不合格的工件验收，会造成重大质量隐患。相反，如果把非相关显示，甚至为假显示误判为相关显示，则把本来是合格的工件拒收或报废，也造成人力物力的浪费。

(2) 通过磁痕分析能大致确定缺陷的性质、大小和方向。结合工件的受力状况和技术条件的要求，可正确判断工件是否返修或报废，并为产品设计和改进工艺提供可靠的信息。

(3) 对在役件和维修件进行检测，可以发现疲劳裂纹，通过周期性定检和监测疲劳裂纹的扩展速率，能保证设备的安全运行，及早预防事故的发生，避免设备和人身事故的出现，并减少不必要的损失。

不同磁粉显示的图像表示的意义不一样。只有仔细地鉴别真伪缺陷的磁痕，分析缺陷磁痕的特征，并结合各方面的因素进行合理评定，才能得到正确的检测结论。为了做到熟练地辨认各类缺陷所形成磁痕，就要求磁粉检测工作者熟悉被检测工件的生产工艺过程，了解各种缺陷性质及产生的原因，积累对磁痕辨别的经验，正确执行验收技术条件。为了做出对磁痕性质的正确结论，某些时候尚需借助其他检测手段或做破坏性的金相检测来确定缺陷的性质。这样才能在实际工作中得心应手，作出正确无误的判断。

磁粉检测工作人员应当通过培训学习，在实践中不断丰富经验，结合工件材料、形状和加工工艺，熟练掌握各种磁粉显示特征、产生原因和鉴别方法，必要时还要利用其他无损检测方法和金相分析方法进行验证；在良好的心态下，对各种磁粉显示做出正确的判断，对照验收标准做出验收与拒收的评定。

二、非相关显示和假显示

1. 非相关显示

非相关显示不是来源于缺陷，但却是由于漏磁场而产生的。其形成原因很复杂，一般与工件材料、外形结构、所采用的磁化规范、工件的制造工艺等因素有关。有非相关显示的工件，其强度和使用性能并不受影响，所以它对工件不构成危害。但是，这类显示容易与相关显示混淆，不如假显示那么容易识别。

引起非相关显示的原因、磁痕特征与鉴别方法如下：

(1) 工件几何形状引起的非相关显示

这类显示比较常见，主要表现为工件截面突变。如工件上有小孔、键槽、螺纹、齿根尖角及断面突变等形状，将引起工件局部截面减少，导致漏磁场在截面较薄处产生并吸引磁粉，形成磁粉显示。

截面变化一般有两种情况，一是工件表面上的孔、槽等断面突变，如键槽、油孔、工件的台阶面、齿轮、螺纹的根部等都容易在磁化时吸附磁粉；另一种是工件近表面的孔、洞、槽，如与轴连接的内键槽、套筒零件上的螺钉孔等。这两类磁痕显示的特点都是分布不集中，松散，不浓密，轮廓不清晰，且具有一定宽度，有规律地重复出现在同类工件上。且近表面的显示更为松散。

对这类显示的鉴别方法是结合工艺过程和工件几何形状分析，观察表面几何形状的变化，看有无产生漏磁场的可能。有时也可略降低磁化磁场，磁粉堆积减少或不吸附磁粉。若采用剩磁法、低浓度磁悬液并适当增长磁悬液的施加时间，磁粉聚集更不明显。对这一类磁痕应防止杂乱显示掩盖真正缺陷的磁痕。如工件的螺纹根部或齿根部位也常常产生相关显示与非相关显示混杂，甚至遍及整个根部，这种显示与缺陷的显示很难区分。检测人员只有积累了大量经验才能识别。图 4-23 为螺纹纵向磁化根部所形成的非相关显示。

图 4-23　螺纹根部的非相关显示(荧光磁粉)

(2) 机械连接和机械创伤引起的非相关显示

一些工件，在使用或制造过程中需要进行连接，在连接部位处就可能出现漏磁场形成磁痕。图 4-24 和图 4-25 显示了两种不同连接方式形成的磁痕(荧光磁粉显示)。

图 4-24　铆接孔处的磁痕(荧光磁粉)

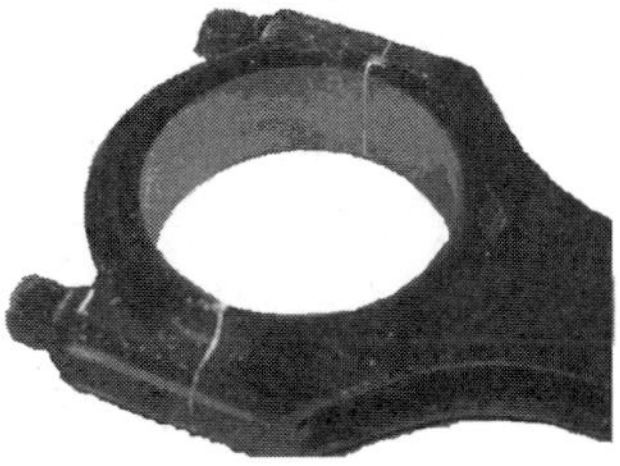

图 4-25　用螺钉连接的连杆(荧光磁粉)

工件在机械加工中，若表面有较深的刀痕、划痕、局部撞击以及滑移等压力变形等都有可能产生局部漏磁场，吸附磁粉而形成非相关磁痕。如在画线时，表面留下的划痕；铰孔时，由于铰刀变钝，孔的内表面会产生刀痕；铣工件表面时，过粗的刀纹也可能吸附磁粉。这类磁痕的特征是：磁痕成规则的线状，较宽而直，两端不尖，磁粉图像轮廓不清晰，磁粉沉积稀薄而浅淡。重复磁化时，图像的重现性差；降低磁化磁场强度，磁痕不明显。擦去磁痕后，肉眼或放大镜可以观察到划痕或刀痕的底部凹处有金属光泽，以此可与裂纹相区别。减小加工粗糙度或局部打磨均可以消除这类磁痕。图 4-26 和图 4-27 为这类磁痕的显示。

图 4-26 工件划线形成的磁痕(荧光磁粉)

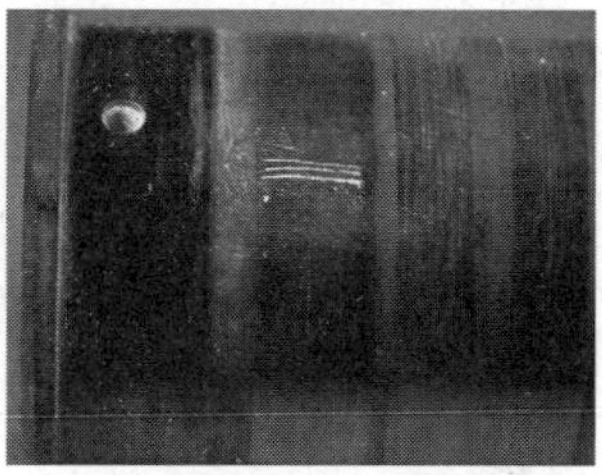

图 4-27 划伤(荧光磁粉)

(3) 工件材质及加工引起的非相关显示

工件材料因素引起的非相关显示有下面几种情况：材料金相组织的变化、工件材料间磁导率的差异、原始组织不均匀和碳化物层状组织的影响等。

材料金相组织的变化经常发生在淬火(例如高频淬火、局部淬火)或焊接加工时，由于冷却速度不均匀而导致金相组织发生差异，检测时在两种组织的交界处形成磁粉显示。在焊接件时。当焊缝熔敷金属与热影响区的基体金属有不同的金相组织相邻存在时，也会产生漏磁场并形成磁痕。另外，在冲模分模面上低倍组织不均匀处也会出现磁粉显示。这类显示呈带状，松散而不浓密。可根据磁痕分布特征，材料和工艺状态进行分析判断。

在焊接过程中，将两种磁导率不同的材料焊接在一起，或基体金属与焊条的磁导率截然不同(例如用奥氏体钢焊条焊接铁磁性材料)，在焊缝与基体金属交界处就会产生磁痕。结合的材料磁性差异越大，在结合部形成漏磁场的可能性也越大，磁痕的显现也越明显。如钻头的高速钢刃部与较软钢材柄部焊接，在其界面上就有明显的磁痕出现。材料磁性差异越大，磁痕显现的越明显，要结合焊接工艺加以鉴别。图 4-28 为钻头结合部的非相关显示(荧光磁粉)。

原始组织的不均匀，带状组织严重。高碳钢和高碳合金钢的钢锭凝固时，所产生的树枝状偏析导致钢的化学成分不均匀，在枝晶间隙中形成碳化物，在轧制过程中沿压延方向被拉成带状，带状组织导致组织的不均匀性，因磁导率的差异而形成磁痕。例如 Cr12MoV，属高碳、高铬模具钢，极易产生合金碳化物，磁痕呈带状，各碳化物分布带之间相互平行。如果在磁痕部位切取横剖试样，用高倍显微镜观察，发现不了任何组织。如果在磁痕部位切取纵剖试样，则可发现带状碳化物组织，碳化物带状组织的磁痕与发纹相似。图 4-29 为带状组织磁痕图。

图 4-28 钻头结合部的非相关显示(荧光磁粉)

图 4-29 带状组织磁痕

(4) 检测工艺不适当引起的非相关显示

不适当的检测工艺,如:磁化电流过大、电极或磁极干扰、磁写等都容易形成非相关显示。

在采用连续法磁化时,如果磁化电流过大时工件将获得过饱和磁化,此时工件极易显示出沿轧制方向的金属纤维组织,称为金属流线。流线的磁痕呈不连续的线状,成群出现,互相平行,沿金属纤维方向分布,面积大常常遍及整个工件。降低电流值时,磁痕会减弱或消失。

使用触头法或磁轭法检测时,在电极或磁极处电流密度过大或磁阻过大,形成触头附近磁粉过密集聚。这些磁痕松散,容易与缺陷区分,但容易形成过度背景,掩盖相关显示。在一些标准中规定,凡电极与磁极周围 25 mm 范围内的磁粉显示都不作为判断的依据。退磁后,改变电极或磁极到与原来位置的垂直方向,重新检测,若该处磁粉显示重复出现者可能是相关显示,否则为非相关显示。

另外,当两个已磁化的工件互相摩擦或将已磁化的工件和未磁化的工件乱放在一起,在工件的接触处将产生磁场的畸变,此时若浇以磁悬液,畸变磁场将显示磁痕。这种磁痕叫作磁写。磁写与真正缺陷形成的磁场是不相同的,它可以沿任何方向出现,其磁痕由稀松的磁粉堆集而成,线条不清晰。把工件退磁后重新充磁,则磁写引起的显示可不再出现。但严重的磁写,须仔细地多方向退磁方能消失。图 4-30 为磁写图形。

图 4-30 磁写(荧光磁粉)

2. 假显示

假显示不是由于漏磁场吸附的原因形成的磁痕,它主要由以下原因造成的:

(1) 工件表面粗糙或表面沟槽(例如焊缝两侧的凹陷,粗糙的机加工表面和铸件表面的沟壑等)会滞留磁粉而形成磁痕。其特点是磁粉的堆集很松散,如果将工件在煤油或水分散剂内漂洗可将磁痕去除。图 4-31 为铸钢件表面沟壑形成的假显示。

(2) 工件表面的氧化皮和锈蚀以及油漆斑点的边缘上会出现磁痕。清除氧化皮和油漆,重新检测,即可消除。

(3) 工件表面不清洁或预处理不当以及磁悬液被异物污染,存在油、油脂、纤维等脏物都会黏附磁粉而形成磁痕。这类磁痕重复性较差,可以通过加强预处理和对磁悬液进行清洁检查后重新检测,该显示不再出现。图 4-32 为沾染磁悬液的棉纤维形成的假显示。

图 4-31　铸钢件表面沟壑形成的假显示(荧光磁粉)

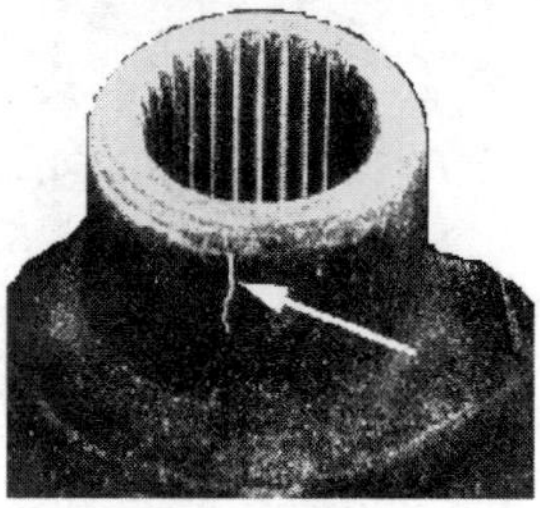

图 4-32　棉纤维形成的假显示(荧光磁粉)

(4) 磁悬液浓度过大或搅拌不均匀,施加磁悬液方式不适当,都可能造成假显示。漂洗后显示不再出现。

三、相关显示

1.常见缺陷的分类

材料中的缺陷磁痕即为相关显示的磁痕。按其形成时期,可分为原材料本身潜藏的缺陷、热加工过程中产生的缺陷、冷作加工过程中产生的缺陷以及使用过程中产生的缺陷等几大类。而按照缺陷的表现形式又可分为各种不同形式的裂纹、发纹、气孔、夹杂或夹渣、疏松、冷隔、分层、未焊透等多种。

(1) 原材料本身潜藏的缺陷

这类缺陷又叫作原材料缺陷,是指钢材从冶炼开始,经轧制等工序直到做成各种不同规格的型材的全过程中产生的缺陷。这些缺陷有的一直保留在工件内部,有的则经加工后才暴露于表面或近表面。这类缺陷包括有:缩管残余和中心疏松、气泡(包括皮下气泡)、金属夹杂物和非金属夹杂物、发纹、夹层和分层、白点等。

钢的原材料缺陷主要是在铸锭结晶和钢材轧制时产生,其中以铸锭结晶时产生的缺陷最多,影响也较大。在上述的缺陷中,除夹层和分层外,其余缺陷基本上是由钢材冶炼铸锭过程中产生的。

(2) 热加工过程中产生的缺陷

热加工是指工件在加工中材料经过加热过程的处理。如锻造、铸造、焊接、热处理等。经过热加工,原材料中的缺陷有可能发展,同时热加工中也可能产生新的缺陷。下面分述其缺陷形式。

1) 锻造过程产生的缺陷:主要包括锻造裂纹、锻造折叠和锻造过烧。这些缺陷一是由于原材料缺陷在锻造加热、锻压变形和冷却过程中扩展产生,另外则是由于锻造工艺不当而形成。其中锻造裂纹危害最大。

2) 铸造过程产生的缺陷:主要包括铸造裂纹(热裂纹和冷裂纹)、铸造缩孔与疏松、气孔、冷隔等。其中缩孔、疏松、气泡、夹渣等铸造缺陷产生的机理与钢锭中的缺陷基本相同,但由于铸件一般都比钢锭形状复杂,因而缺陷表现也有所不同。

3) 焊接过程产生的缺陷:主要包括焊接裂纹、未焊透、气孔、夹渣等。由于焊接时温度高,外界气体大量分解溶入,加之局部加热,时间又短,因此极易产生缺陷,特别是焊接裂纹对构件造成了极其严重的影响。

4) 热处理过程产生的缺陷:工件热处理分为普通热处理和化学热处理(表面处理)两

种。普通热处理中的缺陷主要是淬火裂纹,化学热处理中则有电镀裂纹、酸洗裂纹和应力腐蚀裂纹等几种。

(3) 冷加工过程中产生的缺陷

冷加工即通常所说的机械加工、精加工,它是在常温下进行的,主要缺陷是裂纹。常见的有矫正裂纹、磨削裂纹和过盈裂纹等。

(4) 使用过程中产生的缺陷

使用过程中工件由于不同形式的往复或交变载荷的影响,使工件受到集中的应力作用,从而开裂造成疲劳裂纹。按工件受力状态和工作条件的不同,疲劳裂纹有应力疲劳裂纹、磨损疲劳裂纹和腐蚀疲劳裂纹等三种。

2. 裂纹及其磁痕

在各类材料缺陷中,裂纹占有相当大的比例。所谓裂纹是完整的金属在应力、温度、时间和环境共同作用下产生的局部断裂。它可以在锻造、轧制、铸造、热处理、冲压、焊接、矫正、磨削等生产过程中产生,也可能在使用中受到应力作用而产生。由于各种裂纹形成的机理不同,其分布规律和磁痕图像也有所差别。按生产过程和使用过程来分,裂纹可分为热加工裂纹、冷加工裂纹和其他裂纹。

(1) 热加工裂纹

热加工裂纹主要有铸造裂纹、锻造裂纹、焊接裂纹和淬火裂纹等。

1) 铸造裂纹。铸造裂纹是由于铸件在凝固收缩过程中,各部分冷却速度的不一致,金相组织转变和收缩程度也不相同,产生了很大的铸造应力,当应力超过钢的极限时便产生了破裂。有热撕裂(龟裂)和冷裂纹两种。

其磁痕特征是:热撕裂多呈连续的,半连续的曲折线状(网状或龟纹状),起始部位较宽,尾端纤细;有时呈断续条状或枝杈状,粗细均匀,显示强烈,磁粉聚集浓密,轮廓清晰,重现性好。热裂纹分布不规则,多出现在铸件的转角和薄厚交界处以及柱面和板壁面上。见图 4-33。

图 4-33 精铸件铸造裂纹(荧光磁粉)

同一炉号同一种铸件的热裂纹部位较固定。冷裂纹多出现在应力集中区,如内尖角处孔周围、截面突变部位、台阶和板壁边缘。它多呈较规则的微弯曲线状,起始部位较宽,随延伸方向逐渐变细,有时贯穿着整个铸件,边界通常较整齐。显示强烈,磁粉聚集浓密,轮廓清晰。重现性好,抹去磁粉一般肉眼可见。

2) 锻造裂纹。锻造裂纹的形成是多种多样的,与工件材料的冶金缺陷(缩管残余、皮下气泡、非金属夹杂物等)有关,也与锻造时的工艺处理不当(热加工不均匀、控温不当、变形速度过大或变形不均匀、冷却速度过大等)有关。无论何种原因造成的锻造裂纹,一般都比较严重，有的肉眼可见，有的经检测可见。

锻造裂纹的磁痕特征是大多呈现没有规则的线状。显示强烈，磁粉聚集浓密，轮廓清晰，重现性好。裂纹多出现在变形比较大的部位或边缘。如图 4-34 和图 4-35 所示。

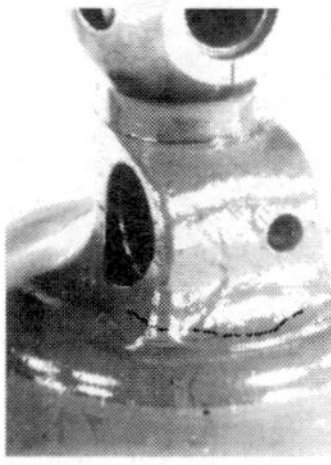

图 4-34 锻造裂纹

图 4-35 锻造裂纹(荧光磁粉)

3）焊接裂纹。焊接裂纹又叫作熔焊裂纹，它是工件焊接过程中或焊接以后在焊缝及热影响区出现的金属局部破裂。这是焊接结构上最危险的一种缺陷，不仅减少了焊缝有效面积，降低了强度，还造成了焊接区应力集中，促使裂纹扩展以至引起构件破断。焊接裂纹产生的原因很多，主要有焊接工艺不当，焊条质量不好或工件局部加热时温度极不均匀造成应力过大等因素。一般有热裂纹(产生在 1 100～1 300 ℃范围)和冷裂纹(产生在 100～300 ℃范围)之分。

焊缝及热影响区所形成的裂纹，其磁痕特征呈纵向、横向线状、树枝状或星形线辐射状。显示强烈，磁粉聚集浓密，轮廓清晰，大小和深度不一，重现性好。对焊缝边缘的裂纹，常因与焊缝边缘下凹所聚集的磁粉相混而不易观察，当将凹面打磨平后，倘还有磁粉堆积时，可作裂纹缺陷判断。图 4-36～图 4-38 为焊接裂纹。

图 4-36 焊接裂纹(荧光磁粉)

图 4-37 焊接裂纹

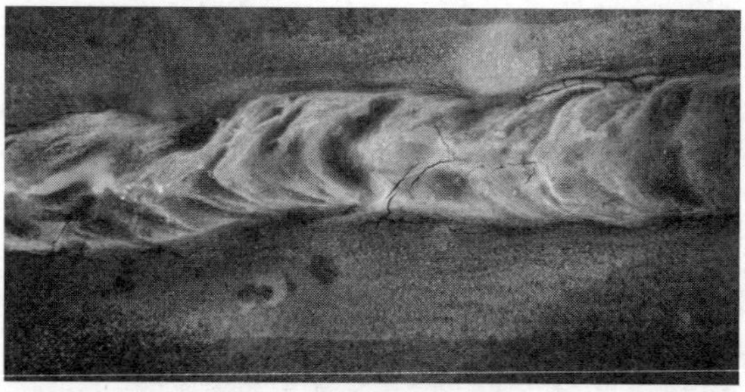

图 4-38 钢板焊缝裂纹

4）淬火裂纹。淬火裂纹是工件热处理时由应力所引起的裂纹。一般发生在工件应力容易集中的部位(如孔、键以及截面尺寸突变的部位)。通常是由表向内裂入,以开裂的方式将应力释放出来。产生淬火裂纹的原因很多,主要有:工件原材料成分偏析、热处理方法不当、工件几何形状突变、几何形状复杂、工件表面硬化处理引起等。

淬火裂纹的磁痕特征为:裂纹呈线状、树枝状或网状,起始部位较宽,随延伸方向逐渐变细。显示强烈,磁粉聚集浓密,轮廓清晰,形态刚健有力,重现性好。抹去磁粉后一般肉眼可见。多发生在工件上应力集中的部位,如尖角处、眼孔边缘、键槽及截面变化处等。图 4-39～图 4-40 为四种典型的淬火裂纹(荧光磁粉)。

图 4-39　淬火裂纹

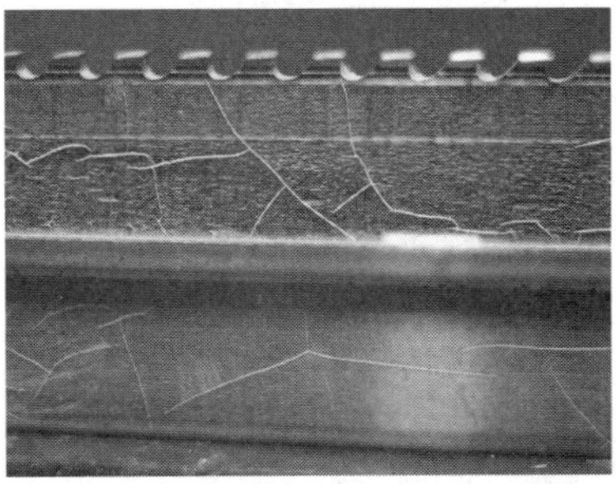

图 4-40　工具钢淬火裂纹

图 4-41　高频局部淬火裂纹

图 4-42　渗碳淬火裂纹

5）脆化裂纹。脆化裂纹是在化学热处理过程中产生的,如电镀(氧化处理、镀铬、镀锌等)和酸蚀(电解酸洗等)等表面处理过程。

脆化裂纹磁痕特征是裂纹细窄,深浅不一,多成折线或网状,磁粉聚集浓密而集中,从不单一存在,总是大面积成群出现。图 4-43 为刺刀镀铬后产生的脆化裂纹。

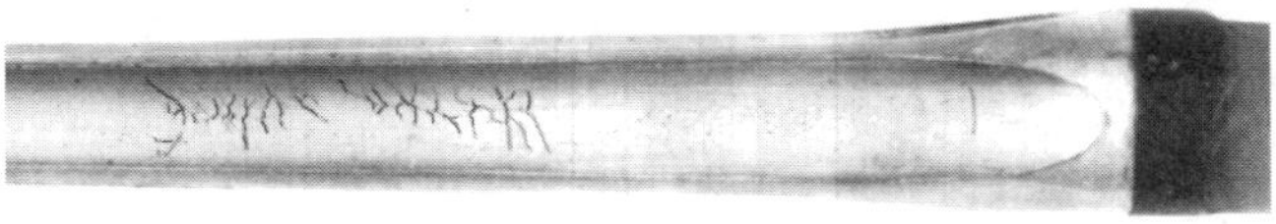

图 4-43　脆化裂纹

6）原材料裂纹。原材料在冶炼和轧制过程中产生的裂纹。这些裂纹产生的机理与铸、锻过程产生的裂纹相同。

其磁痕表现为呈线状,显示强烈、磁粉聚集浓密,轮廓清晰,重现性好。多与金属纤维方向一致。图 4-44 及图 4-45 为原材料带来的裂纹。

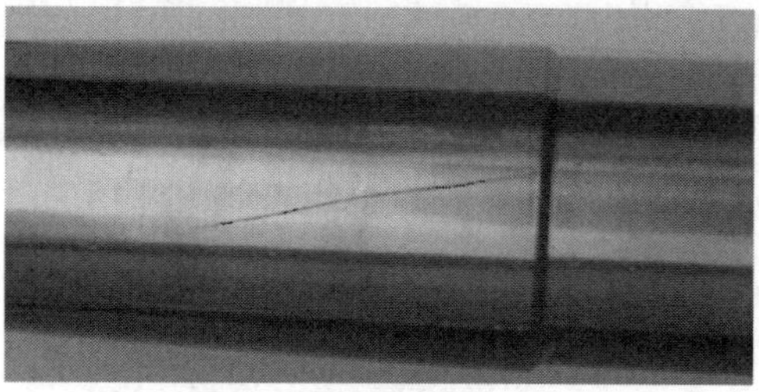

图 4-44 原材料裂纹

图 4-45 原材料裂纹

(2) 冷加工裂纹

冷加工裂纹主要有磨削裂纹、矫正裂纹、过盈裂纹等。

1) 磨削裂纹。磨削裂纹是工件进行磨削加工时在工件表面上产生的裂纹。由于产生的原因不同,种类也比较繁多。按其形状分类有:网状磨削裂纹(鱼鳞状、龟纹状、云霞状)、放射状磨削裂纹、无规则弯曲状磨削裂纹。网状磨削裂纹多出现于平面或曲率半径不大的磨削面上,常成群出现。放射状磨削裂纹多出现于曲率半径较大的曲面上,也是成群出现较多。

磨削裂纹的磁痕特征是呈网状或辐射状和相互平行的短曲线条,显示强烈,磁粉聚集紧密而集中,但磁粉堆集不高,磁痕细而尖,轮廓较清晰,重现性好,出现数量也较多。通常与磨削方向垂直。图 4-46 及图 4-47 为磨削裂纹。

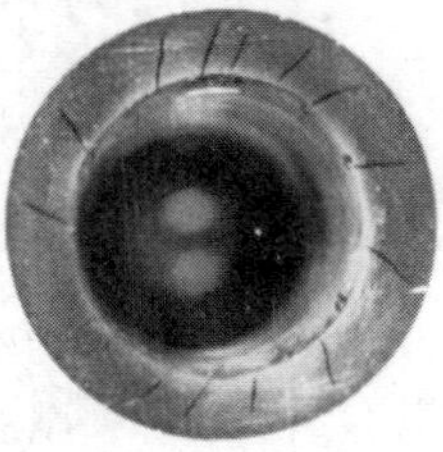

图 4-46 磨削裂纹

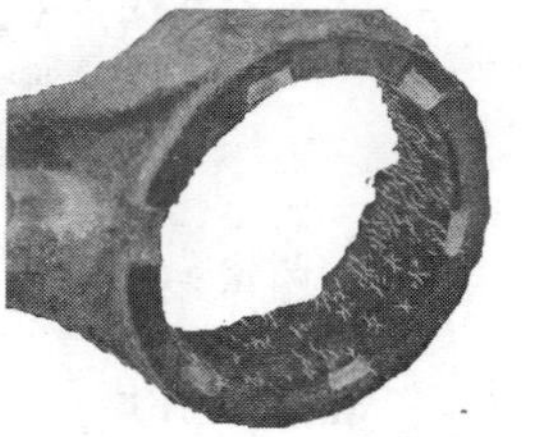

图 4-47 内孔磨削裂纹(荧光磁粉)

2) 矫正裂纹。矫正裂纹是在变形工件校直过程中产生的,它出现在与工件受力方向相同的最大张应力部位。

其磁痕特征是磁粉吸附浓厚而集中,纤细而刚健,两端尖细,中间粗大,呈直线状或微弯曲,不分支、不开叉,单个出现。图 4-48 为矫正裂纹图形。

图 4-48 矫正裂纹(荧光磁粉)

3）过盈裂纹。过盈裂纹是零部件装配过程中由于过盈配合不当产生的。有时虽未达到破裂程度，但由于应力过大未加处理，在酸洗氧化或电镀过程中形成应力腐蚀裂纹或酸洗裂纹。

其磁痕特征是磁粉聚集较快、堆积较高，浓厚紧密而集中、两端尖细，擦去磁粉后，往往可以看到细小裂纹的痕迹。图 4-49 为过盈裂纹图形。

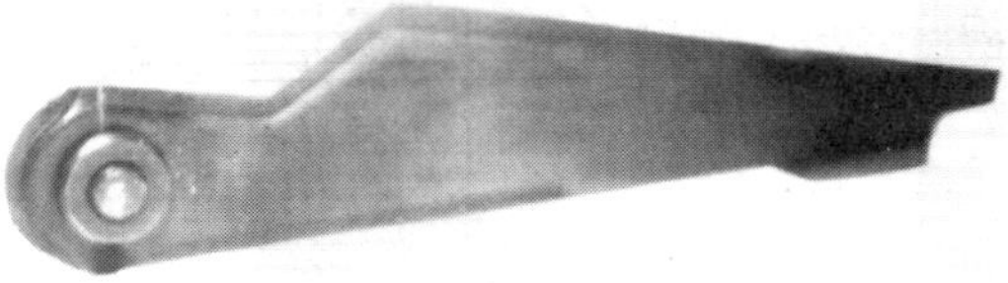

图 4-49　过盈裂纹（荧光磁粉）

（3）使用过程中产生的裂纹——疲劳裂纹

工件在使用过程中，由于受多次交变应力的作用，引起工件上原有的小缺陷（如钢的成分及组织不均匀、冶金缺陷、尖锐的沟槽和孔洞等）延伸，扩展成疲劳裂纹。根据工件工作条件和受力状态的不同，疲劳裂纹有应力疲劳裂纹、磨损疲劳裂纹和腐蚀疲劳裂纹三种。三种中以应力疲劳裂纹最为常见。这种疲劳裂纹是在交变载荷下逐步扩展形成的，常发生在工件上应力较集中的地方，如齿轮根部、轴径、柱塞顶端等部位。

其磁痕特征是呈线状或曲线状随延伸方向逐渐变细，显示强烈，磁粉聚集集中，轮廓较清晰，重现性好，常成群出现，特别是内孔壁的疲劳裂纹大多如此，在主裂纹旁边还有许多平行的小裂纹。图 4-50 和图 4-51 为疲劳断裂的磁痕。

图 4-50　疲劳裂纹

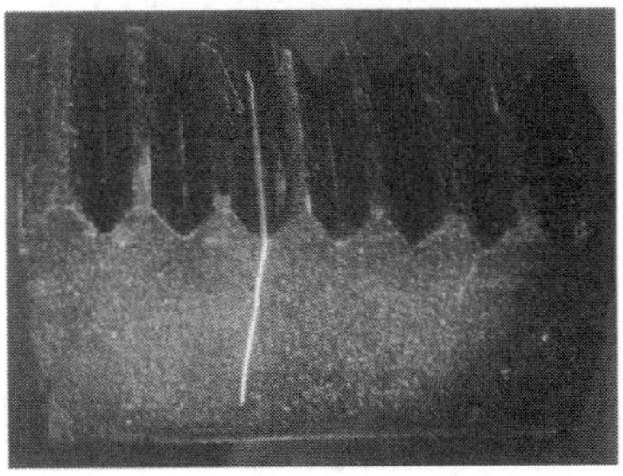

图 4-51　齿条疲劳裂纹（荧光磁粉）

3. 其他缺陷及其磁痕

（1）原材料缺陷

1）发纹

发纹是磁粉检测中的一种常见缺陷，主要由钢中的气泡和夹杂物引起。在锻轧时，这些夹杂物和气泡沿锻轧变形方向延伸，成为一种细线状，顺金属纤维方向分布。

发纹的磁痕特征为：呈发丝一样短而平直的线状或断续点状，形细而直，两端圆钝，图像清晰，磁粉聚集浅淡而稀薄，但很均匀，重现性较好，常独立或分散地存在于机械加工过的工件表面上，擦去磁粉后，一般肉眼看不见痕迹。

发纹对工件材料的机械性能无显著影响，但在要求严格的工件上，有可能成为产生疲劳裂纹的裂纹源。图 4-52 为发纹图形。图 4-53 为原材料发纹在热处理时的扩张开裂。

图 4-52 发纹(荧光磁粉)

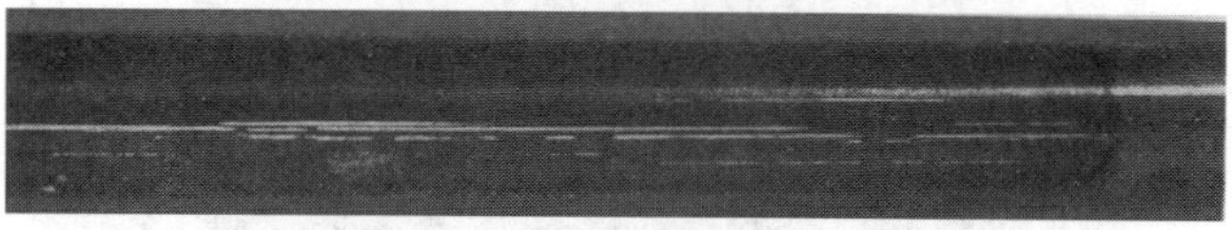

图 4-53 原材料发纹在热处理时的扩张开裂(荧光磁粉)

2）非金属夹杂物

钢中的非金属夹杂物主要是铁元素和其他元素与氧、氮等作用形成的氧化物和氮化物，以及硫化物、硅酸盐等。同时，由于冶炼和浇注的疏忽，混入钢中的钢渣和耐火材料的剥落都带来非金属夹杂物。这些夹杂物以镶嵌方式在钢中存在，降低了钢的机械性能，给金属破裂创造了条件。

非金属夹杂物的磁痕特征是：沿纤维状分布，呈短直线状或断续线状，两端不尖锐，一般情况下磁粉堆积不很浓密，颜色较浅淡(粗大夹杂物除外)，当擦去磁粉后，一般看不出痕迹。

发纹与非金属夹杂物从磁痕特征上不易区分，有时把细小的磁痕当作发纹对待。图 4-54 夹杂的磁痕。

图 4-54 夹杂(荧光磁粉)

3）白点

白点是隐藏于钢材内部的开裂型缺陷，在热轧和锻压的合金钢中，特别是在含 Ni、Cr、Pb、Mn 的钢中较常见。它大多分布于钢材近中心处，在纵断面上呈椭圆形的银白色斑点，所以叫白点。在钢材横断面上则表现为短小断续的辐射状或不规则分布的小裂纹。白点裂纹多为穿晶断裂，也有沿晶粒边界分布，其裂纹边缘呈锯齿形的，多以成群出现。

白点属于危险性缺陷。它是钢材经锻压或轧制加工时，冷却过程中氢气析不出钢材而进入钢中微隙并且结合成分子状态，它和钢相变时所产生的局部应力相结合，形成巨大的局部压力，在达到钢的破裂程度以上时使钢产生内部破裂形成白点。

磁痕特征：在横断面上，白点磁痕呈锯齿状或短曲线状，形似幼虫样。磁痕吸附浓厚而紧密，轮廓清晰，中部粗大，两端尖细略成辐射状分布。在纵向剖面上，磁痕沿轴向分布，类似发纹，但磁痕略弯，磁粉吸附浓密而清晰。图 4-55 为白点的磁痕图形。

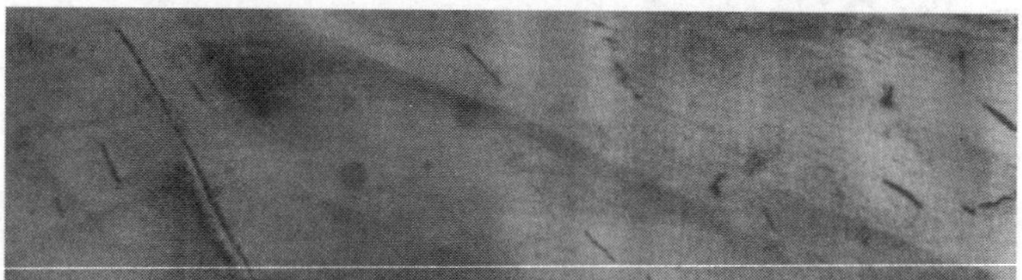

图 4-55 白点(磁痕贴印件)

(2) 锻轧缺陷及其磁痕(除裂纹外)

1) 锻造折叠

折叠常出现在锻造和轧制工件及钢材中。它是工件在锻轧过程中,由外来物或工件外皮被卷入基体金属,由于外来物或外皮已经氧化,使其不能锻合而形成折叠。折叠的轮廓不规则,多与表面成一定的角度。若折叠不严重,可以通过机加工完全去掉;若延伸至工件内部很深,超过加工余量时,则将破坏基体金属的连续性,严重影响工件材料的机械强度。

磁痕特征:多与表面成一定角度的线状、沟状、鱼鳞片状。一般肉眼可见。磁粉聚集程度随折叠的深浅和夹角大小而异,高低不等。有的较宽,有的较窄。金相检查折叠两侧有脱碳现象。常出现于尺寸突变转接处,易过热部位或者在材料拔长过程中。图 4-56 为折叠图形。

2) 夹层和分层

钢锭中的气泡和大块夹杂物,经轧制成板材或带材时,被压扁而又不能焊合,前者形成分层,后者形成夹层。当夹层或分层暴露于钢材表面或近表面时,才能被磁粉检测发现。

磁痕特征:磁粉沉积浓密,呈直线状,磁痕边缘轮廓清晰。一般擦去磁痕后,磁痕处有肉眼可见的条状纹痕。图 4-57 为分层图形。

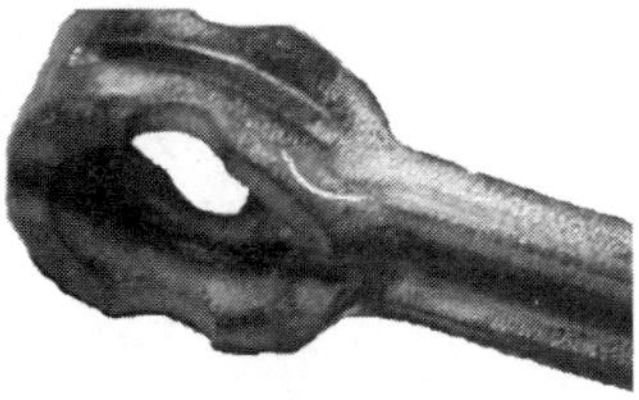

图 4-56　折叠(荧光磁粉)

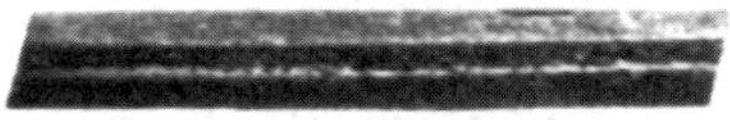

图 4-57　分层(荧光磁粉)

3) 拉痕

钢坯在轧制过程中,如果模具表面光洁度不高,润滑不良或残留氧化铁皮及其他影响时,便会在钢材表面上产生划伤,叫作拉痕。拉痕在棒材上成连续或断续直线,管材上表现为略带螺旋的线。其磁粉表现为聚集较浓,清晰可见。

(3) 铸造缺陷及其磁痕(除裂纹外)

1) 铸件缩孔与疏松

在铸件的某些部位,由于冷凝体积收缩时金属补充不及所造成的孔穴叫作缩孔。多出现于铸件厚截面处,其形状很不规则,内外表面高低不平,经机械加工至表面及近表面处时,磁粉检测才能发现。

其磁痕特征是:磁粉堆积浓厚,磁痕外形极不规则,多呈云霞状出现。

疏松又叫缩松,它是铸件常见的非扩散性的多孔型缺陷。铸件在凝固收缩过程中得不到充分补缩,因而出现了极细微的不规则的分散或密集的孔穴,就是疏松。多出现于铸件散热条件差的内壁,内凹角和补缩条件差的均匀壁面上。在铸造缩孔的周围,也常伴有严重的疏松存在。

疏松磁痕特征是:呈各种形状的短线条或点状,散乱分布,磁粉聚集分散,显示方向随磁化方向的改变而变化。图 4-58 和图 4-59 为疏松的磁痕图形。

图 4-58 疏松

图 4-59 疏松(荧光磁粉)

2) 铸件气孔

铸件内部的气孔多呈圆形、蛋形或梨形存在,大小不等,单个分散或集中出现,常分布于铸件的近表面层,是铸件内的一种空洞型缺陷。形成原因是进入铸件金属液内的气体在液体冷凝时未能及时逸出表面而存留于铸件中。气孔内表面光滑,有时被氧化物覆盖。

磁痕特征是:一般多呈圆形或椭圆形,近表面气孔磁粉聚集较多,呈堆积状;远离表面的气孔则磁粉吸附稀少,浅淡而疏散,但磁痕均有一定面积。

3) 冷隔

铸件金属液体在铸模内流动冷却过程中被氧化皮隔开,不能完全融为一体,形成对接或搭接面上的未融合缝隙,叫作冷隔。它是由于铸件形状过于复杂,或铸模设计不当;或是由于浇注系统不当,使金属液流程过长;以及浇注温度低、排气不良等原因引起的。其磁痕特征是:磁粉呈长条状,两端圆秃,磁粉聚集较少,浅淡而较松软。

(4) 焊接缺陷及其磁痕(除裂纹外)

焊接过程实质是一个冶金过程。但焊接过程的温度更高,化学元素烧损严重;同时,焊接时外界气体大量分解溶入熔池,使焊接容易产生缺陷;焊接的加热是局部加热,时间短,基体金属和熔池间温差大,冶金反应不平衡,内应力大,偏析也较严重,焊接时产生某些缺陷是难以避免的。焊接时除了可能产生焊接裂纹外,还有可能出现其他一些缺陷。

1) 未焊透与未熔合

焊接时,接头未完全熔透的现象叫作未焊透;焊道与母材之间或焊道之间未完全熔化结合的部分叫未熔合。其产生原因是:焊接规范选择不当;焊接速度过大;焊接时,焊条偏向一边太多;坡口角或间隙太小,熔深减小;坡口准备不良,不平或有异物等。

磁痕特征:多呈条状,磁粉聚集程度随未焊透部位到表面距离而异,吸附松散,重现性好。未焊透多出现在熔合线中间部位,边缘处的未熔合方向多与焊道一致。

2) 气孔和夹渣

气孔和夹渣也是焊缝中常见的一种缺陷,这两种缺陷经常相伴而生同时存在,而且多埋藏于焊缝内部。两种缺陷中,夹渣对焊件的机械性能影响比气孔大,容易引起应力集中。

气孔是焊接过程中气体在金属冷却之前来不及逸出而保留在焊缝内的孔穴,夹渣是熔池内未来得及浮出而残留在焊接金属内的焊渣。气孔多呈圆形、椭圆形,夹渣多呈点状和条状。只有二者在表面或近表面时,才能被磁粉检测所发现。

其磁痕特征是:磁粉沉积为点状(椭圆形)或粗短线条状,磁粉堆集不紧密,较平直。条状两端不尖细,但磁痕有一定的面积。

思考题

1. 比较各种磁化方法的应用范围及其优缺点。
2. 对大型铸锻件检测时要注意哪些问题?
3. 焊接接头的磁粉检测范围主要有哪些?
4. 对外形复杂的零件磁粉检测应注意哪些问题?
5. 缺陷磁痕分析与评定的意义是什么?
6. 非相关显示和假显示有何特点? 它们是怎样产生的?
7. 热加工裂纹有哪些种类? 各有何特点?
8. 常见有哪几种冷加工裂纹? 其磁痕显示的主要特点如何?
9. 常见的非裂纹缺陷有哪些? 各有何特点?
10. 焊接接头常见有哪些缺陷? 它们是怎样形成的?
11. 怎样鉴别缺陷磁痕和非缺陷磁痕?
12. 在磁痕评定与验收中应注意哪些问题?

第五章　核设备磁粉检测工艺

第一节　蒸汽发生器筒体/锥形管段连接焊缝磁粉检测工艺

蒸汽发生器二次侧圆锥段筒体与下部圆柱段筒体连接焊缝，如图 5-1 所示。

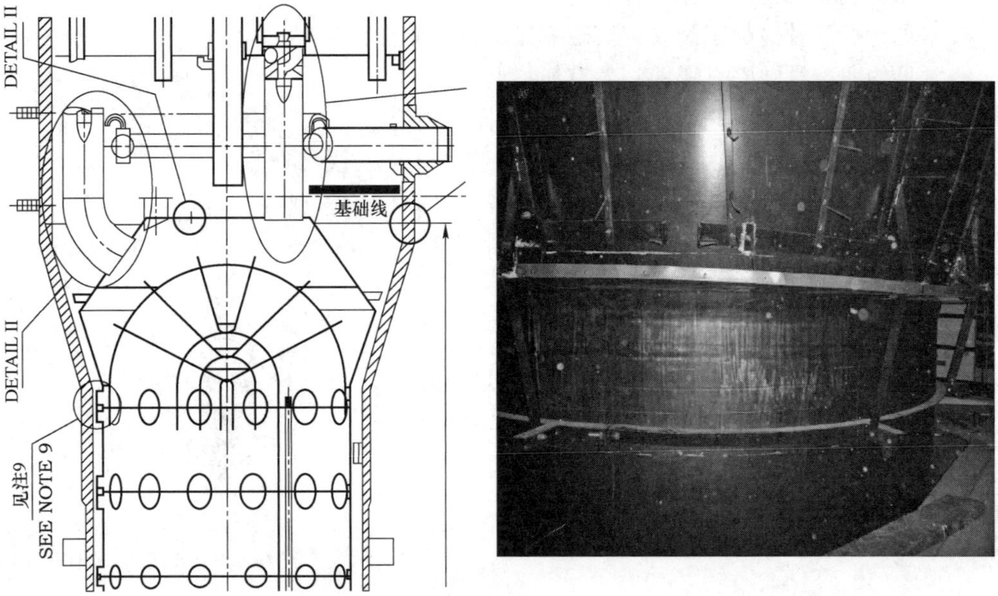

图 5-1　蒸汽发生器二次侧圆锥段筒体与下部圆柱段筒体连接焊缝

一、检测设备与材料

蒸汽发生器二次侧圆锥段筒体与下部圆柱段筒体连接焊缝、蒸汽发生器或稳压器支撑焊缝的磁粉检测，可采用便携式交流磁轭仪，黑色磁悬液，湿法连续法标准试片采用 A1：30/100 与饼形磁场强度指示器，此外，还需准备光照度计、温度计、放大镜等。检测实施前，交流磁轭仪、光照度计、温度计等仪器设备必须经过标定合格，保证在有效使用期内，检测设备处于可用状态，满足灵敏度要求。光照度计和感应元件要求用可见光范围进行标定，温度计的量程应至少在 0～60 ℃的温度范围内。

便携式磁轭探伤机提升力要求如下：

(1) 当使用磁轭最大间距时，每个交流磁轭至少有 44 N 的提升力；

(2) 当使用磁轭最大间距时、每个直流或永久磁轭至少有 177 N 的提升力。

(3) 检测材料应有产品合格证，氟、氯、硫含量不超过标准限值要求。

二、条件准备

条件准备如下：

(1) 蒸汽发生器二次侧圆锥段筒体与下部圆柱段筒体连接焊缝检测前应进行划线，把整条焊缝分为若干段，离焊缝边缘一定距离处用符号“∧”划分；

(2) 检测前，应确定检测区域，在检测区域至少 25 mm 范围内的所有受检表面必须是清洁、脱脂、干燥，且没有任何影响铁磁性微粒均匀分布和对磁痕做出正确判定的不规则现象；

(3) 当表面不规则可能掩盖不可接受的不连续缺陷或其他影响检测效果的显示时，可对表面进行打磨或机加工；

(4) 检测范围应包括焊缝的整个表面和其相邻母材两侧各至少 25 mm 宽的热影响区范围；

(5) 照明一般采用人工光或自然光，也可采用其他照明方式，但应保证被检表面的照度不得小于 1 000 lx(勒克斯)；

(6) 为了保证可达性，可能需搭设脚手架，移去可能影响检测的内部可拆除物体或外部保温隔热层；

(7) 配制磁悬液采用非荧光磁悬液，浓度为 10～20 g/L。

三、检测实施

检测实施按如下步骤进行：

表面准备→喷涂反差剂→磁化和施加磁悬液→磁痕观察与记录→缺陷评定→退磁→后处理。

(1) 表面准备

被检表面应用合适的溶剂进行预清洗，干燥后再进行磁粉检测。干燥可采用自然干燥，也可用干燥的纱布、棉纱或吸水纸擦干。

(2) 喷涂反差剂

将反差剂薄而均匀地喷洒在整个被检表面上。

(3) 磁化和施加磁悬液

对被检区域至少要磁化两次，两次磁化的磁感应线应近似相互垂直，在磁化的同时均匀地喷涂磁悬液。

(4) 磁痕观察与记录

施加磁悬液后检测人员应仔细观察形成的显示痕迹，观察可直接用肉眼观察，也可借助放大镜进行。缺陷磁痕的显示记录可采用照相、录像、画草图等方式。

(5) 缺陷评定

缺陷是通过铁磁性微粒出现不均匀的堆积来显示的，然而，并不是所有的磁痕显示都表示缺陷。以下原因可能造成非相关显示或伪显示：

1) 产品几何形状不规则；

2) 表面过于粗糙。

若无法确定磁痕显示的真伪，则应进行复检。对达到记录标准的缺陷显示，应记录其位置、形状和尺寸。不可达区域也应采用照相或示意图等形式进行记录。

(6) 退磁

若残留的磁性干扰后续的处理或使用时,应在完成检测后做退磁处理。

(7) 后处理

检测完毕后,被检表面应做清洗,最终清洗在缺陷记录后进行。

第二节 螺栓和螺母磁粉检测工艺

一、螺栓的磁粉检测

对于螺栓(导磁性材料)而言,考虑到清洗不便和效率较低,通常不使用渗透检测,而采用灵敏度更高的磁粉检测。螺栓的特点是长度和直径的比值较大,在锻轧成型中,钢锭中的气泡、夹杂物等一般都被拉长变细,折叠等也呈纵向分布,沿轴向延伸。对这类缺陷的检测主要以轴向通电法为主。另外,在加工中也有可能出现横向缺陷,所以检测中也应使用线圈法或整体磁轭法。在针对核电主泵螺栓实施检测时,可使用固定式(或移动式)磁粉探伤机,采用轴向通电法+整体磁轭法或采用复合磁化进行检测。检测时至少在整个圆周方向上分三次各 120° 进行磁化观察,必要时应在检测前进行划线分区,避免漏检。进行磁痕观察时尤其注意观察牙尖和牙槽的显示情况,因原材料内部或近表面的裂纹可在螺纹机加工后恰好出现在牙尖和牙槽,该裂纹的特点是连续数牙在同一圆周位置上有细微的线性显示,可能因显示较小,容易被遗漏,需引起注意,如图 5-2 所示。

二、螺母的磁粉检测

螺母的特点是空心零件,它沿直径方向的尺寸较大而沿长度方向的尺寸较小。其加工方法是将钢材锻压成毛坯形状后,再经热处理和机械加工而成。因此,它的缺陷主要是材料和锻造、热处理及切削加工产生的,主要有折叠、夹杂、锻造裂纹、热处理裂纹等。螺母尺寸不大时,可采用中心导体法检测,尺寸较大时,可采用直接通电法或通磁法进行检测。因操作不便,且磁轭探头不易到达,对于螺母的检测通常使用渗透检测代替磁粉检测,必要时需辅以内窥镜进行观察和评定,如图 5-3 所示。

图 5-2 螺栓

图 5-3 螺母

第三节　汽轮机叶片磁粉检测工艺

检测对象为常规岛汽轮机低压缸的第 5 级、第 6 级、第 7 级转子叶片，材料为马氏体沉淀硬化不锈钢(0Cr17Ni4Cu4Nb)。

检测区域为拆卸后整个叶片全表面(叶面和叶根，除司太立合金部位)及叶片拆卸后的转子叶槽，重点检测区域在叶片的转子叶槽及进出汽端面。

图 5-4　汽轮机叶片

检测开始前用 A1:30/100 型标准试片校验检测灵敏度。将刻有人工槽的一面紧密贴合在叶片最大横截面的表面且磁化过程中磁场弱的部分，被检区域磁化的同时向试片施加磁悬液，如标准试片的磁痕显示清晰可见，则证明检测灵敏度是合格的。标准试片贴放位置如图 5-5 所示。

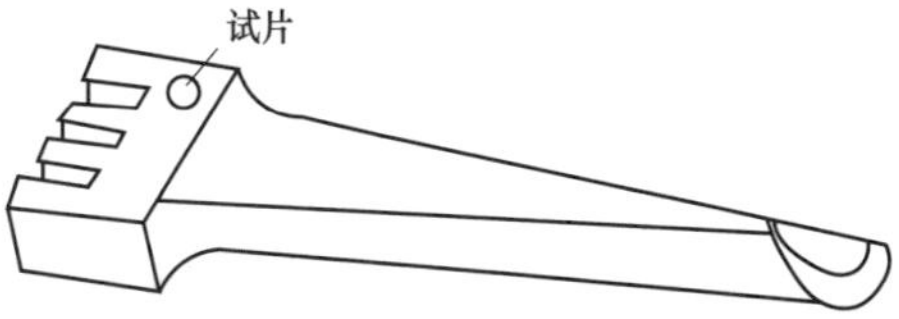

图 5-5　标准试片贴放位置

注：为使试片与被检面接触良好，可用透明胶带将其平整粘贴在被检面上，注意胶带不能覆盖试片上的人工缺陷。

先进行叶片单面检测，用磁悬液润湿被检表面，在通电磁化的同时施加磁悬液，停止施加磁悬液后再通电数次，通电时间为 1～3 s，停止施加磁悬液至少 1 s 后，待磁痕形成并滞留下来时停止通电，再进行磁痕观察和记录。然后将叶片翻转，以相同的检测方法对叶片的另外一面进行检测。

当需要检测所有方向的缺陷时，被检叶片的各区域至少应分别进行两次检测，第二次检测时的磁化方向应与第一次检测的磁化方向近似垂直，第二次检测可采用与第一次检测不同的磁化方法。

转子叶槽采用磁轭法进行检测。

思考题

1. 请描述蒸汽发生器二次侧圆锥段筒体与下部圆柱段筒体连接焊缝检测前的条件准备。
2. 请分别简述螺栓和螺母磁粉检测的特点。
3. 请描述汽轮机叶片磁粉检测的要点。

第六章　磁粉检测工艺规程与检测工艺卡

所谓磁粉检测工艺，是指从磁粉检测的预处理、磁化(选择磁化方法和磁化规范)、施加磁粉或磁悬液、缺陷磁痕显示的观察与记录、缺陷评级、退磁和后处理七个程序的全过程。

第一节　磁粉检测工艺规程

磁粉检测规程应根据相关法规、产品标准、有关的技术文件和 NB/T 47013.4—2015 标准要求，并针对检测机构的特点和检测能力进行编制。磁粉检测规程应涵盖本单位(制造、安装或检测单位)产品的检测范围。

磁粉检测规程的编制、审核及批准应符合相关法规或标准的规定。

磁粉检测规程至少应包括以下内容：

(1) 适用范围；

(2) 引用标准、法规；

(3) 检测人员资格；

(4) 检测设备、器材和材料；

(5) 检测表面制备；

(6) 检测时机；

(7) 检测工艺和检测技术；

(8) 检测结果的评定和质量等级分类；

(9) 检测记录、报告和资料存档；

(10) 编制(级别)、审核(级别)和批准人；

(11) 制定日期。

例题 6-1：某核电站核 2、3 级部件对接、角接焊缝的磁粉检测通用工艺规程。

一、目的

本规程规定了×××核电站核 2 级部件对接、角接焊缝的磁粉检测适用范围、适用规范、标准和文件、检测人员资格、检测范围和区域、检测条件、检测使用的设备和器材、检测技术、检测实施、记录和验收标准、检测报告要求等。

二、适用范围

本规程适用于×××核电站核 2、3 级部件对接、角接焊缝的磁粉检测。

三、适用规范、标准和文件

《民用核安全设备无损检验人员资格管理规定》(HAF 602)

《压水堆核岛机械部件在役检查规则》(RSEM,1997 年版及 2000 年修订)

《压水堆核岛机械设备设计和建造规则》(RCC-M,2000 年版及 2002 年补遗)

四、检测人员资格

(1) 所有检测人员应符合《民用核安全设备无损检验人员资格管理规定》(HAF 602)的要求,必须持有在有效期内的磁粉检测资格证书;

(2) 磁粉Ⅰ级人员应在Ⅱ级或Ⅲ级人员的指导下执行检测工作;

(3) 磁粉Ⅱ级或Ⅲ级人员可按照本程序的要求从事磁粉检测工作,包括签发检测报告。

五、检测范围和区域

(1) 核 2 级设备役前和在役检查项目主要是蒸汽发生器二次侧圆锥段筒体与下部圆柱段筒体连接焊缝。

(2) 其他核 2、3 级设备和部件的铁磁性材料焊缝。

(3) 检测区域为被检的焊缝金属和两侧至少 25 mm 范围内的邻近母材。

六、检测条件

(1) 标识条件

被检对象应有唯一的、清晰的标识,且与相关的图纸一致。

(2) 表面条件

检测期间被检表面打磨。检测区域应是干燥的,并且没有污垢、油脂、纤维屑、锈蚀、溶剂或其他能妨碍检测的外来物。

(3) 温度条件

在检测期间被检件温度应不超过 50 ℃。

(4) 电源和照明

检测现场应有磁粉检测设备用的 220 V/50 Hz 交流电源。

照明采用自然光或人工光源,被检表面的光照度应不低于 1 000 lx(勒克斯)。

(5) 可达性

被检区域应是可达的,即能满足进行正常检测操作和观察的要求。

登高作业所搭设的脚手架应是合格的,经过验收的。

(6) 辐射防护

核查检测现场辐射防护措施是满足要求的。

(7) 环境条件

检测时周围环境应无强电磁干扰。

七、检测使用的设备和器材

(1) 电磁轭

便携式交流电磁轭,磁轭间距在 75～200 mm 的范围内。使用磁轭最大间距时,交流电磁轭提升力至少为 45 N。电磁轭的提升力至少每半年进行一次校验。

(2) 磁粉及磁悬液

1) 采用非荧光形磁粉,磁粉一般以磁膏态供货。

2) 磁粉应具有高磁导率、低矫顽力和低剩磁,磁粉间不应相互吸引,粒度均匀。

3) 磁粉颜色应与被检表面有较高的对比度。

4) 磁悬液载液为水,使用磁膏时按生产厂推荐的比例进行现场配制,不循环使用。

5) 用水悬浮时水中应加湿润剂(使磁粉在水中均匀分布)和缓蚀剂。

6) 磁悬液浓度应保持在制造商推荐的范围内。新配制的磁悬液浓度应控制在 10～25 g/L 的范围内,磁悬液沉淀浓度应在 1.2～2.4 mL/100 mL 之间。

(3) 其他器材

其他器材包括 A1 型标准试片、饼形磁场指示器、磁场强度计、照度计、温度计、照相机、放大镜、量尺等,所使用计量设备均校准合格并在有效期内。照度计、温度计、磁场指示器每年标定一次。

1) A1 型标准试片

标准试片主要用于检验磁粉检测设备、磁粉和磁悬液的综合性能,了解被检表面有效磁场强度和方向、有效检测区以及磁化方法是否正确。

2) 饼形磁场指示器

饼形磁场指示器用于表示被检部件表面磁场方向和有效检测区,并校验磁化方法是否正确。

3) 磁场强度计

用来验证磁场强度的仪表。

4) 照度计

照度计能测定人工照明装置的光线强度,使用校准的并在有效期内的非接触红外测温仪。

5) 量尺

所有用于现场检测所使用的量尺(钢板尺、卷尺、焊缝尺、游标卡尺等)都应被校准,并在有效期内。

6) 照相机

在检测开始实施前,应对所使用的照相机进行功能试验以确保能正常使用,能清晰拍摄被检部件的图片。

7) 放大镜

检测使用的放大镜,最大放大倍数应不大于 6 倍。

8) 人工照明装置(强光灯、手电筒等)

为保证能有效识别缺陷,照明装置至少要使被检表面有 1 000 lx 的光照度,以保证在检测和评定指示时有足够的光照度。

9) 其他消耗品

检测使用的纸、布等消耗品材料,不应对受检对象产生不良影响。

八、检测技术

(1) 磁粉检测的适用范围和原理

磁粉检测主要用于铁磁性材料的表面和近表面缺陷的检测,通常能确定表面和近表面缺陷的形状、位置和尺寸。核级设备和部件的焊缝磁粉检测的原理是使被检测区域磁化，并将铁磁性粉末(磁悬液)施加到此区域的表面上，此时表面和近表面有裂纹及其他不连续的地方因使正常磁场产生畸变而使磁粉构成一定的图形，这些图形通常具有不连续性的特征。

(2) 磁化方法。

(3) 蒸汽发生器二次侧圆锥段筒体与下部圆柱段筒体连接焊缝磁粉检测使用便携式电磁轭，采用非荧光、湿法、连续法进行检测。

其他 2、3 级设备和部件的焊缝磁化方法亦也采用相同的磁化方法进行检测。

(4) 检测方法

采用湿法、连续法对焊缝进行检测，即先用磁悬液润湿被检区域表面，在通电磁化的同时喷洒磁悬液，停止喷洒磁悬液后再通电数次，待磁痕形成并滞留下来时停止通电，进行检测。

(5) 灵敏度校验

灵敏度校验主要是要验证磁轭是否能对被检件产生适当的磁场强度。所用的磁场强度应足以形成满意的磁痕显示，但也不应过大，使磁粉颗粒形成无关积聚，形成无关显示或遮掩了相关显示。

A1 型标准试片应放置在被检表面上，且将试片无人工缺陷的面朝外，用透明胶带将其平整粘贴在被检面上，并注意胶带不能覆盖试片的人工缺陷。

标准试片表面有锈蚀、皱褶或磁特性发生改变时不得继续使用。

使用饼形磁场指示器时，应将磁场指示器铜面朝上，八块低碳钢面朝下，紧贴被检工件表面，用连续法检测。

(6) 显示的记录

磁痕的永久性记录可采用草图法、照相法以及其他适当的方法，其要求如下：

1) 除能确认磁痕是由于工件材料局部磁性不均或操作不当造成的之外，其他一切磁痕显示均作为缺陷磁痕处理。

2) 长度与宽度之比大于 3 的缺陷磁痕按线性缺陷处理，长度与宽度之比小于或等于 3 的缺陷磁痕按圆形线性缺陷处理。

3) 两条或两条以上缺陷磁痕在同一直线上且间距小于或等于 2 mm 时，按照一个缺陷处理，其长度为两条缺陷之和加间距。

(7) 磁痕的测量

达到记录标准的缺陷，应对其形状、位置和尺寸进行测量。测量时，应使用经检定的卷尺、直尺、焊缝尺、游标卡尺等测量工具进行测量。管道焊缝测量时应以参考点为基准，按流向用右手法则定标识方向(即右手拇指指向水流方向，则其余四指的指向与标识方向相同)。

(8) 记录

1) 磁痕的记录

磁痕应采用草图和照片形式进行记录，草图(照片)上明确地表明磁痕在系统设备管道上的详细坐标位置；坐标零点位置应与管道焊缝标识的零点走向一致；当磁痕显示远离设备标识时，或被检设备或管道区域上无标识时，应选择被检设备或管道上的特征点作为标识零点和走向。拍照时，为了便于确定磁痕显示的位置、性质和尺寸，应在磁痕显示旁放置刻度尺一起拍摄。

2）不可达区记录，要求用草图法或照片法注明不可达的具体位置。

(9) 磁痕的评定

磁痕的评定目的是确定显示的形状、位置和尺寸。磁痕的显示可以分为以下三类：

1）伪显示

伪显示不是由漏磁场吸附磁粉形成的磁痕显示，产生的原因可能是工件表面粗糙、工件表面在油污或不清洁、磁悬液中的纤维物线头、工件表面的氧化皮、油漆斑点、磁悬液浓度过大等。

2）非相关显示

非相关显示不是来源于缺陷，但却是由漏磁场吸附磁粉产生的。焊缝磁粉检测时非相关显示产生的原因可能是磁极附近磁通密度大、磁化电流过大等。

3）相关显示

相关显示是由缺陷产生漏磁吸附磁粉形成的磁痕显示。

4）相关显示的确认

达到或超过了记录阈值的显示应予以确认。显示的确认包括将检测结果与役前检查、以前的在役检查结果相比较。通过比较应确定相对于上次检查，应明确指出相关显示是新出现的、与上次相同、消失还是发生了显著变化。这种比较的结果也应记录或添加到检测报告中。

如果显示中的一个参数(长度)超出了 5 mm，则认为发生了显著变化。

九、检测实施

核 2、3 级部件焊缝磁粉检测步骤主要可以分成：核实先决条件、灵敏度校验、表面准备、磁化、施加磁悬液、磁痕的观察、磁痕的记录、磁痕的评定、后处理和复验等步骤。

(1) 核实先决条件

1）检测开始前，检测人员必须对被检设备或部件的焊缝标识进行核查，以确保被检焊缝准确无误。

2）对环境剂量进行监测或寻求辐射防护人员的支持以获取环境剂量数据，在低剂量区设置工作准备区域(平台)。

3）用红外测温仪测量环境温度和被检表面温度。

4）用照度计在被检表面上测量表面照度。

5）当检测区域位于防异物控制区内时，还应做进出物品登记；对可能脱落的小件工具进行防脱落处理。

6）当检测区域位于表面污染控制内时，还应对所有进入控制区的工具进行防污染处理。

7）确认检测表面的可达性以及检测操作空间是否满足检测需要。

8）确认检测电源可用。

9）确认检测区域没有强电磁干扰。

(2) 灵敏度校验

用 A1-30/100 型标准试片来检测磁场强度是否适当。

当标准试片的表面上形成清晰的磁痕时，则表示磁场强度适当；若没有形成清晰的磁痕则应根据需要改变磁场参数或磁化方法。

磁场指示器验证至少在两个近似相互垂直的方向上有足够的磁场强度。

应在与检测环境相同或相近条件下进行灵敏度校验,确保灵敏度满足检测要求。

(3) 表面准备

1) 表面准备的目的是为了最大限度地发现要检测的缺陷。应尽可能去除所有妨碍检测方法有效性、扫查区域以及缺陷评定的障碍。表面准备不应造成被检设备的损伤或标记缺失。

当检测对象为焊缝时,焊缝及邻近 25 mm 区域亦应进行预处理。

2) 可以使用符合要求的清洁产品(去污剂、有机溶剂、除锈液、去漆剂)达到清洗的目的。除了清洗,也可能使用机械工具(刷子、磨具、磨料等)。它们的使用限于“抛光”或“有限打磨”操作。

3) 如果焊缝检测区域留有涂覆层,必须证明整个存在最厚涂覆层的地方能够探得显示。

(4) 磁化、施加磁悬液

在磁化前,根据被检对象的表面情况,可使用反差增强剂来提高对比度。

1) 磁化

磁化持续时间每次至少 3 秒,间隔为 1～2 秒,至少反复磁化两次,停止施加磁悬液至少 1 秒后才能停止磁化。

2) 施加磁悬液

检测时整个被检区域应能被磁悬液完全润湿。

磁悬液的施加可采用喷、浇的方法,不可采用刷涂法。不可使磁悬液流速过快而破坏已形成的磁痕。

3) 磁化有效区域

对被检区域进行检测时,磁轭间距应控制在 75～200 mm 范围内,同一区域应进行近似相互垂直的两个方向的磁化检测,磁化有效区域为两极连线两侧各 50 mm 的范围内,磁化区域每次至少应有不少于 15 mm 的重叠。

(5) 磁痕的观察

1) 磁痕的观察、记录应在磁痕形成后立即进行。

2) 当辨认细小磁痕时,可使用最大放大倍数为 6 的放大镜进行观察。

3) 磁痕的评定应在可见光下进行,被检面处可见光照度应不小于 1 000 lx。

(6) 磁痕的记录

对达到记录标准的缺陷应记录其位置、指示长度、数量、形状、性质等。

(7) 磁痕的评定

1) 所有的显示迹象都应按验收标准进行评定。

2) 会遮盖不连续性迹象显示的磁粉积聚是不允许的,对这些区域应在清洗后重新检测。

(8) 后处理

1) 检测完毕后,被检表面应作清理,最终清理在缺陷记录后进行。

2) 在检测完毕后还应对现场遗留的水渍进行处理,确保检测不对受检对象和环境产生不良影响。

(9) 复验

当出现下列情况之一时,需进行复验:

1) 发现检测过程中操作方法有误或技术条件改变时;

2) 有争议或认为有必要时。

十、记录和验收标准

(1) 记录准则

1) 除能确认磁痕显示是由于被检区域材料局部磁性不均或操作不当造成的之外,其他磁痕显示均应作为缺陷处理;

2) 对于被检区域,应记录所有大于 2 mm 的显示;

注:任何排列在一条直线上的多个显示,其总长度超过 20 mm,即使这些显示小于记录准则,则对该显示也应进行进一步分析,以确定显示的性质。

如果两个显示之间的间距小于其中最短显示长度的两倍,则可把这两个显示视作一个显示。

3) 记录磁痕显示时可采用照相法以及其他适当的方法。当用照相法记录时,为了便于确定磁痕显示的位置和尺寸,应在磁痕显示旁放置刻度尺一起拍摄。

(2) 验收标准

核 2 级部件焊缝完工后的检测出现下列任一缺陷显示均不得验收:

1) 线性显示;

2) 大于 4 mm 的非线性显示;

3) 3 个或 3 个以上直线排列的显示,其边缘之间的距离小于 3 mm,或者虽然其间距在 3～6 mm 范围内,但显示的总长度超过 30 mm;

4) 如果两个显示之间间距小于其中较小者的两倍时,则这两个显示被视为一个显示。

十一、检测报告要求

(1) 磁粉检测结果单

磁粉检测结果单至少由如下内容组成:检测类型、结果单编号、核电厂名、机组号、安全级别、环境温度、设备、部件名称、标识号、区域/房间号、检测规程名称/编号/版次、检测结果、检测报告编号、检测、审核人姓名和签名及级别、检测日期等。

磁粉检测结果单的内容与格式见附录 1。

(2) 磁粉检测报告单

磁粉检测报告单至少由如下内容组成:磁粉检测结果单至少由如下内容组成:检测类型、结果单编号、核电厂名、机组号、安全级别、环境温度、设备、部件名称、标识号、区域/房间号、检测规程名称/编号/版次、标准试片型号、标定结果、标定时间、受验部位、规格、表面状态、材质、检测比例、磁化装置型号/编号、磁轭间距、提升力、检测方法、磁化方法、磁粉类型、颜色、施加方式、灵敏度试块、表面照度、表面温度、缺陷位置示意图、显示编号、显示位置、显示尺寸及性质、评定结果、检测、审核人姓名和签名及级别、检测日期等。

第二节 磁粉检测工艺卡

这里仅举几个编制工艺卡的范例,因为有许多磁化方法、检测方法和设备及材料可供选择,可组合编制成各种形式工艺卡,所以这里提供工艺卡范例,并不是唯一形式,也不一定是最佳的,仅供习练时参考,希望能起到举一反三的作用。

例题 6-2:低温贮罐

有一低温贮罐,如图 6-1 所示。基本情况如下:

(1) 设计压力:1.78 MPa

(2) 材质:09MnNiDR

(3) 工件规格:ϕ2 800×8 000×18

(4) 介质:丙烯

(5) 设计温度:-45 ℃

(6) 焊后要求整体热处理、水压试验和气密试验

按 NB/T 47013.4—2015 标准,验收级别:Ⅰ级。自选条件:优化编制承压设备磁粉检测工艺卡,逐项填写承压设备磁粉检测操作要求及主要工艺参数,见表 6-1 和表 6-2。

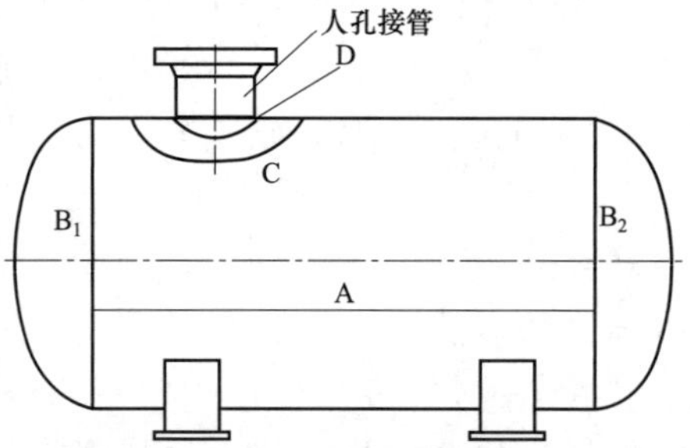

图 6-1 低温贮罐

表 6-1 承压设备磁粉检测工艺卡

产品(或工件)名称	低温贮罐	材料牌号	09MnNiDR	规格尺寸	ϕ2 800×8 000×18 mm
热处理状态	/	检测部位	A、B_1、B_2、C、D 焊缝及热影响区,100%检测	被检表面要求	清除并打磨焊缝及热影响区表面
检测时机	焊接完 24h 后	检测设备	CJE 交流电磁轭 CXE 交叉磁轭	标准试片(块)	A1:30/100
检测方法	荧光湿法 连续法	光线及检测环境	黑光辐照度 ≥1 000 μW/cm² 环境光<20 lx	缺陷磁痕记录方式	照相、贴印或临摹草图
磁化方法	磁轭法 交叉磁场法	电流种类磁化规范	AC 提升力≥45 N 提升力≥118 N (间隙 0.5 mm)	磁粉、载液及磁悬液配制浓度	YC2 荧光磁粉 LPW-3 号煤油 0.5~2 g/L

续表

<table>
<tr><td>产品(或工件)名称</td><td>低温贮罐</td><td>材料牌号</td><td>09MnNiDR</td><td>规格尺寸</td><td>ϕ2 800×8 000×18 mm</td></tr>
<tr><td>磁悬液施加方法</td><td>浇法</td><td>检测方法标准</td><td>NB/T 47013.4—2015</td><td>质量验收等　级</td><td>Ⅰ级</td></tr>
<tr><td>磁粉检测质量评级要求</td><td colspan="5">(1) 不允许存在任何裂纹。
(2) 不允许存在任何线性缺陷磁痕。
(3) 圆形缺陷磁痕(评定框尺寸为 35×100 mm),长径 $d \geqslant 1.5$ mm,且在评定框内不大于 1 个。</td></tr>
<tr><td colspan="3">磁化方法示意草图:
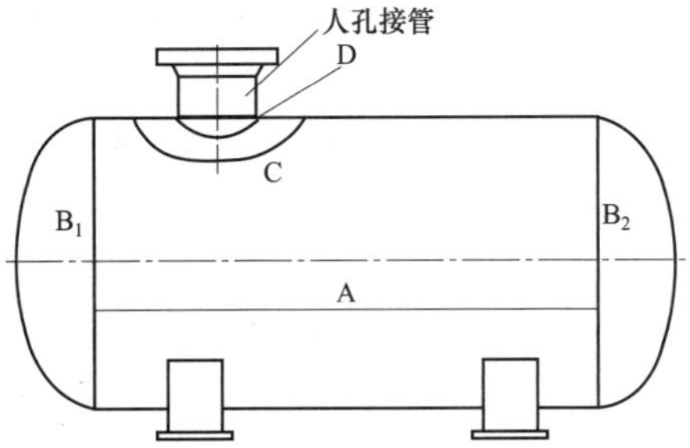
</td><td colspan="3">磁化方法附加说明:
(1) A 焊缝用交叉磁轭磁化。
(2) B_1、B_2 焊缝用交叉磁轭磁化。
(3) C、D 焊缝用可变角度交流电磁轭,在垂直或平行焊缝的两个方向磁化。磁极间距 $L \geqslant 75$ mm,保证有效磁化区重叠,在磁化时施加磁悬液。
(4) 磁化规范最终以 A1:30/100 标准试片上磁痕显示确定。</td></tr>
</table>

编制	MTⅡ级(或Ⅲ级)	审核	NDT 责任工程师	批准	单位技术负责人
	年　月　日		年　月　日		年　月　日

表 6-2　承压设备磁粉检测操作要求及主要工艺参数

工序号	工序名称		操作要求及主要工艺参数	
1	预清理		清除焊缝及热影响区处飞溅焊渣,并采用砂轮打磨等方式保证被检区域光滑。	
2	磁化	设备选择	CJE 交流电磁轭 CXE 交叉磁轭	
		磁化方法	磁轭法 交叉磁轭法	
		磁化规范	提升力≥45 N 提升力≥118 N(间隙 0.5 mm)	
		磁化次数	两种磁化方法,均应考虑有效磁化区及其重叠。	
		试片校核	磁化规范最终以 A1:30/100 标准试片磁痕显示确定,放置区域在两磁极连线外侧的 1/4 磁极距离处。	
3	施加磁悬液方式		A 焊缝:磁悬液施加在交叉磁轭行走方向的前上方。 B_1、B_2 焊缝:磁悬液施加在交叉磁轭行走方向的正前方。 C、D 焊缝:磁悬液喷洒时自上而下、自高而低分两个半圆进行磁化、喷洒。	
4	磁痕观察与记录		光　线	黑光辐照度≥1 000 μW/cm^2
			检测环境	在暗区进行,环境光<20 lx,至少 3 min 暗区适应。
			辅助观察器材	必要时可采用 2～10 倍放大镜观察磁痕。

续表

工序号	工序名称	操作要求及主要工艺参数	
4	磁痕观察与记录	磁痕记录内容	记录缺陷性质、形状、尺寸及部位。
		磁痕记录方式	采用照相、贴印或临摹草图等方法。
		超标缺陷处理	发现超标缺陷后，清除至肉眼不可见，再采用磁粉检测复验，直至缺陷清除。
5	缺陷评级		确认是相关显示，按 NB/T 47013.4—2015 标准第 9 条缺陷评级
6	退　磁		可不退磁
7	后处理		清除残余磁粉或磁悬液
8	检测报告		按 NB/T 47013.4—2015 标准第 11 条签发 MT 报告

编制	MT Ⅱ级(或Ⅲ级)	审核	NDT 责任工程师	批准	单位技术负责人
	年　月　日		年　月　日		年　月　日

例题 6-3：锅炉接管

有一锅炉接管，结构如图 6-2 所示。材料牌号为 20 g，两只管子的几何尺寸分别为：ϕ273×14 mm；ϕ108×8 mm，要求检测两只管子相交角焊缝处表面的缺陷。按 NB/T 47013.4—2015 标准，验收级别Ⅱ级，自选条件优化编制承压设备磁粉检测工艺卡，并逐项填写承压设备磁粉检测操作要求及主要工艺参数，见表 6-3 和表 6-4。

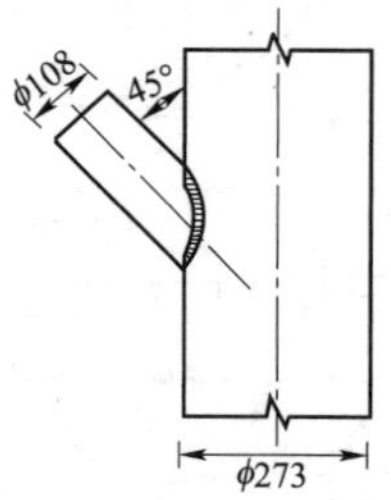

图 6-2　锅炉接管

表 6-3　承压设备磁粉检测工艺卡

产品(或工件)名称	锅炉接管	材料牌号	20 g	尺寸规格	ϕ273×14 mm ϕ108×8 mm
热外理状态	/	检测部位	焊缝及热影响区	被检表面要求	清除并打磨焊缝及热影响区表面
检测时机	焊接完后	检测设备	CJE 交流电磁轭	标准试片(块)	D:7/50
检测方法	非荧光湿法 连续法	光线及检测环境	被检的焊缝表面光照度≥1 000 lx	缺陷记录方式	照相、贴印或临摹草图
磁化方法	磁轭法	电流种类 磁化规范	AC 提升力≥45 N	磁粉、载液及磁悬液配制浓度	HK-1 黑磁粉+水 10～25 g/L
磁悬液施加方法	磁化时浇或喷磁悬液	检测方法标准	NB/T 47013.4—2015	质量验收等级	Ⅱ
磁粉检测质量评级要求	1. 不允许存在任何裂纹。2. 不允许存在任何线性缺陷磁痕。 3. 圆形缺陷磁痕(评定框尺寸为 35×100 mm)，长径 d≤0.3 mm，且在评定框内不大于 2 个。				

续表

<table>
<tr><td colspan="3">磁化方法示意草图：
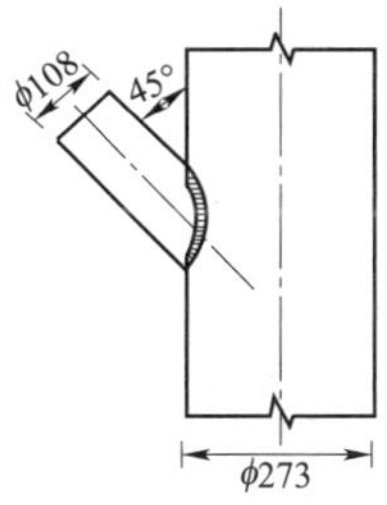
</td><td colspan="3">磁化方法附加说明：
(1) 用活动关节电磁轭，保证磁极与工件接触良好；
(2) 用交流电磁轭先垂直于焊缝磁化，探焊缝纵向缺陷；
(3) 再用交流电磁轭平行于焊缝磁化；探焊缝横向缺陷；
(4) 磁极间距 $L \geqslant 75$ mm；
(5) 保证有效磁化区重叠。
注：也可以采用绕电缆法和触头法磁化。</td></tr>
<tr><td rowspan="2">编制</td><td>MT Ⅱ级(或Ⅲ级)</td><td rowspan="2">审核</td><td>NDT 责任工程师</td><td rowspan="2">审批</td><td>单位技术负责人</td></tr>
<tr><td>年　月　日</td><td>年　月　日</td><td>年　月　日</td></tr>
</table>

表 6-4　承压设备磁粉检测操作要求及主要工艺参数

<table>
<tr><td>工序号</td><td colspan="2">工序名称</td><td colspan="4">操作要求及主要工艺参数</td></tr>
<tr><td>1</td><td colspan="2">预清理</td><td colspan="4">清除焊缝及热影响区处飞溅焊渣，并采用砂轮打磨等方式保证被检区域光滑。</td></tr>
<tr><td rowspan="5">2</td><td rowspan="5">磁化</td><td>设备选择</td><td colspan="4">CJE 交流电磁轭</td></tr>
<tr><td>磁化方法</td><td colspan="4">磁轭法</td></tr>
<tr><td>磁化规范</td><td colspan="4">提升力≥45 N，磁极间距≥75 mm。</td></tr>
<tr><td>磁化次数</td><td colspan="4">两种磁化方法，均应考虑有效磁化区及其重叠。</td></tr>
<tr><td>试片校核</td><td colspan="4">磁化规范最终以 D：7/50 标准试片确定，放置区域在两磁极连线外侧的 1/4 磁极距离处。</td></tr>
<tr><td>3</td><td>施加磁悬液</td><td colspan="5">喷洒时自高而低，自上而下分两个半圆进行磁化，喷洒、观察、记录。</td></tr>
<tr><td rowspan="5">4</td><td rowspan="5">磁痕观察与记录</td><td>光　线</td><td colspan="4">被检的焊缝表面光照度≥1 000 lx</td></tr>
<tr><td>辅助观察器材</td><td colspan="4">必要时可采用 2～10 倍放大镜观察磁痕。</td></tr>
<tr><td>磁痕记录内容</td><td colspan="4">记录缺陷性质、形状、尺寸及部位。</td></tr>
<tr><td>磁痕记录方式</td><td colspan="4">采用照相、贴印或临摹草图等方法。</td></tr>
<tr><td>超标缺陷处理</td><td colspan="4">发现超标缺陷后，清除至肉眼不可见，再采用磁粉检测复验，直至缺陷清除。</td></tr>
<tr><td>5</td><td colspan="2">缺陷评级</td><td colspan="4">确认是相关显示，按 NB/T 47013.4—2015 标准第 9 条评级</td></tr>
<tr><td>6</td><td colspan="2">退　磁</td><td colspan="4">可不退磁</td></tr>
<tr><td>7</td><td colspan="2">后处理</td><td colspan="4">清除残余磁粉或磁悬液</td></tr>
<tr><td>8</td><td colspan="2">检测报告</td><td colspan="4">按 NB/T 47013.4—2015 标准第 11 条签磁粉检测报告</td></tr>
</table>

<table>
<tr><td rowspan="2">编制</td><td>MT Ⅱ级(或Ⅲ级)</td><td rowspan="2">审核</td><td>NDT 责任工程师</td><td rowspan="2">审批</td><td>单位技术负责人</td></tr>
<tr><td>年　月　日</td><td>年　月　日</td><td>年　月　日</td></tr>
</table>

例题 6-4:在用起重天车吊钩

有一在用起重天车吊钩,如图 6-3 所示。材料:30CrMnSiA,热处理:880 ℃油淬,220 ℃回火,B_r=0.98 T,H_c=2 712 A/m,尺寸:ϕ80×400 mm,受力区 A—吊钩弯曲部位,受力区 B—柄,受力区 C—螺纹部位,受力区不允许任何缺陷存在。表面喷漆,检测所有表面(不包括端面)疲劳裂纹,按 NB/T 47013.4—2015 标准,Ⅰ级合格,根据现有条件优化,编制承压设备磁粉检测工艺卡,并逐项填写承压设备磁粉检测操作要求及主要工艺参数,见表 6-5 和表 6-6。

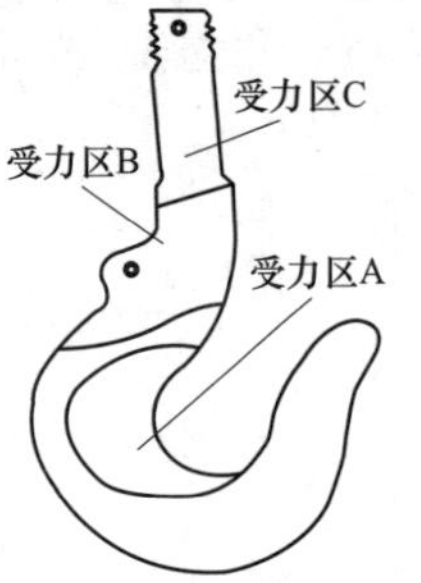

图 6-3 起重天车吊钩

现有条件:

(1) CJX—3000 型交流携带式磁粉探伤机和 CEW—6000 型交直流固定式磁粉探伤机,并带有可绕线圈的软电缆。

(2) CT-3 型特斯拉计

(3) UV-A 黑光灯

(4) ST-80 型照度计

(5) UV-A 黑光辐照计

(6) YC2 荧光磁粉、HK-1 黑磁粉、BW 黑磁膏、水、LPW-3 号或 TYT-3 型无味煤油

(7) C、D 和 M1 标准试片

(8) 磁悬液浓度测定管

(9) XCJ 型袖珍式磁强计

(10) 2～10 倍放大镜

表 6-5 承压设备磁粉检测工艺卡

<table>
<tr><td>产品(或工件)名称</td><td>在用起重天车吊钩</td><td>材料牌号</td><td>30CrMnSiA</td><td>尺寸规格</td><td>ϕ80×400 mm</td></tr>
<tr><td>热处理状　态</td><td>880 ℃油淬
220 ℃回火</td><td>检测部位</td><td>所有表面(除表面)</td><td>被检表面要求</td><td>除去漆层,露出金属光泽</td></tr>
<tr><td>检测时机</td><td>使用后</td><td>检测设备</td><td>CJX—3000 绕电缆线圈</td><td>标准试片(块)</td><td>C:8/50</td></tr>
<tr><td>检测方法</td><td>荧光、湿法
连续法、剩磁法</td><td>光线及检测环境</td><td>黑光辐照度≥1 000 μW/cm²,环境光照度<20 lx</td><td>缺陷磁痕记录方式</td><td>照相、贴印或临摹草图</td></tr>
<tr><td>磁化方法</td><td>触头法、绕电缆法</td><td>电流种类
磁化规范</td><td>AC
周向磁化 I_1=1 200 A
纵向磁化 N=6 匝
I_2=1 000 A,H=28 kA/m</td><td>磁粉、载液及磁悬液沉淀浓度</td><td>YC2 荧光磁粉
TYT-3 号煤油
0.5～2 g/L</td></tr>
<tr><td>磁悬液施加方法</td><td>浇或喷磁悬液</td><td>检测方法标准</td><td>NB/T 47013.4—2015</td><td>质量验收等级</td><td>Ⅰ级</td></tr>
<tr><td>磁粉检测质量评级要求</td><td colspan="5">1. 不允许存在任何裂纹和白点。
2. 不允许任何横向缺陷显示。
3. 不允许存在线性缺陷磁痕。
4. 圆形缺陷磁痕(评定框尺寸为 2 500 mm²,其中一条矩形边长最大为 150 mm)长径 d≤2.0 mm,且在评定框内不大于 1 个。</td></tr>
</table>

续表

<table>
<tr><td colspan="3">磁化方法示意草图：
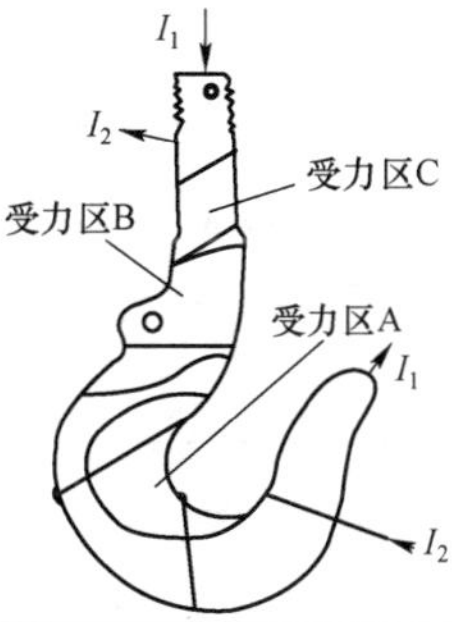
</td><td colspan="3">磁化方法附加说明：
(1) 先周向磁化，后纵向分两段磁化；
(2) 周向磁化用触头从吊钩两端通电，并安装接触垫，以防打火烧伤。用连续法检测 $I_1=15D=1\,200$ A
(3) 受力区 A 和 B 用连续法检测，纵向绕电缆法，$N=5$，$L/D=5$，$Y<2$；因此使用高填充因数公式 $IN=\frac{35\,000}{L/D+2}$ 计算，$I_2\approx1\,100$ A
(4) 受力区C螺纹部分用剩磁法检测因 $B_r=0.98$ T，$H_c=2\,712$ A/m，用纵向磁化，$L/D=5$，工件表面磁场强度并达到 28 kA/m。
(5) 退磁后 $B_r\leqslant0.3$ mT</td></tr>
<tr><td rowspan="2">编制</td><td>MT Ⅱ级(或Ⅲ级)</td><td rowspan="2">审核</td><td>NDT 责任工程师</td><td rowspan="2">审批</td><td>单位技术负责人</td></tr>
<tr><td>年　月　日</td><td>年　月　日</td><td>年　月　日</td></tr>
</table>

表 6-6　承压设备磁粉检测操作要求及主要工艺参数

<table>
<tr><td>工序号</td><td colspan="2">工序名称</td><td>操作要求及主要工艺参数</td></tr>
<tr><td>1</td><td colspan="2">预清理</td><td>除去漆层，露出金属光泽</td></tr>
<tr><td rowspan="5">2</td><td rowspan="5">磁化</td><td>设备选择</td><td>CJX—3000 型，电缆缠绕的线圈</td></tr>
<tr><td>磁化方法</td><td>触头法，绕电缆法</td></tr>
<tr><td>磁化规范</td><td>连续法　$I_1=1\,100$ A，$I_2=1\,200$ A
剩磁法　$H=28$ kA/m</td></tr>
<tr><td>磁化次数</td><td>周向和纵向各一次</td></tr>
<tr><td>试片校核</td><td>磁化规范最终以 C：8/50 试片磁痕显示确定</td></tr>
<tr><td>3</td><td colspan="2">施加磁悬液施加方式</td><td>浇洒，检测螺纹根部磁悬液浓度用 0.5 g/L</td></tr>
<tr><td rowspan="6">4</td><td rowspan="6">磁痕观察与记录</td><td>光　线</td><td>黑光辐照度≥1 000 μW/cm²</td></tr>
<tr><td>检测环境</td><td>在暗区进行，环境光<20 lx，至少 3 min 暗室适应。</td></tr>
<tr><td>辅助观察器材</td><td>必要时可采用 2～10 倍放大镜观察磁痕。</td></tr>
<tr><td>磁痕记录内容</td><td>记录缺陷性质、形状、尺寸及部位。</td></tr>
<tr><td>磁痕记录方式</td><td>采用照相、贴印或临摹草图等方法。</td></tr>
<tr><td>超标缺陷处理</td><td>发现超标缺陷后，清除至肉眼不可见，再采用磁粉检测复验，直至缺陷清除。</td></tr>
<tr><td>5</td><td colspan="2">缺陷评级</td><td>确认是相关显示，按 NB/T　47013.4—2015 标准第 9 条缺陷评级</td></tr>
<tr><td>6</td><td colspan="2">退　磁</td><td>可不退磁</td></tr>
<tr><td>7</td><td colspan="2">后处理</td><td>清除残余磁数或磁悬液</td></tr>
<tr><td>8</td><td colspan="2">检测报告</td><td>按 NB/T　47013.4—2015 标准第 11 条签发磁粉检测报告</td></tr>
</table>

<table>
<tr><td rowspan="2">编制</td><td>MT Ⅱ级(或Ⅲ级)</td><td rowspan="2">审核</td><td>NDT 责任工程师</td><td rowspan="2">审批</td><td>单位技术负责人</td></tr>
<tr><td>年　月　日</td><td>年　月　日</td><td>年　月　日</td></tr>
</table>

例题 6-5:空心正方形锻件

空心正方形锻件,如图 6-4 所示,筒外壁边长为 100 mm,壁厚为 20 mm,长 600 mm。材料牌号为 40#钢,热处理状态为正火,其矫顽力 H_c=584 A/m,剩磁 B_r=1.07 T。工件为机加工表面,该工件经磁粉检测后需精加工。要求检测筒外壁各方向缺陷(不包括端面)。按照 NB/T 47013.4—2015 标准,Ⅲ级合格,根据现有条件,优化编制承压设备磁粉检测工艺卡,并逐项填写承压设备磁粉检测操作要求及主要工艺参数,见表 6-7 和表 6-8。

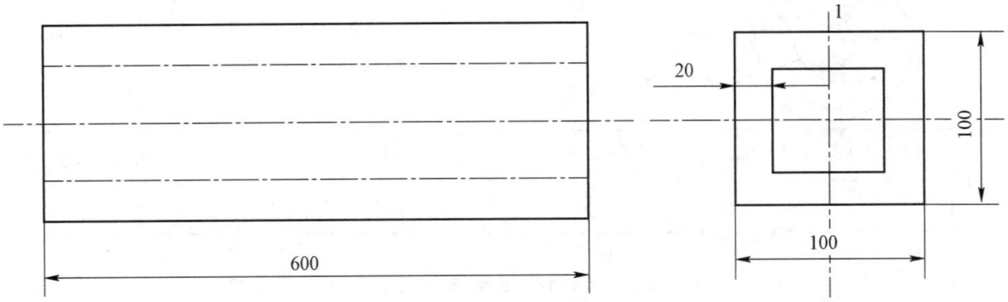

图 6-4　空心正方形锻件

制造单位现有如下探伤机与器材:

(1) CJX2000 型交流携带式磁粉探伤机、CEW—3000 型交直流固定式磁粉探伤机,以上探伤机均配置ϕ200×250 的刚性开闭线圈,5 匝。

(2) GD-3 型毫特斯拉计。

(3) ST-80(C)型照度计。

(4) UV-A 型黑光辐照计。

(5) UV-A 型黑光灯和白光灯。

(6) YC2 型荧光磁粉、HK-1 黑磁粉、BW-1 型黑磁膏、水、煤油、LPW-3 号或 TYT-3 型油基载液。

(7) A1 标准试片。

(8) E 型标准试块。

(9) 磁悬液浓度测定管。

(10) 2～10 倍放大镜。

表 6-7　承压设备磁粉检测工艺卡

产品(或工件)名称	空心正方形锻件	材料牌号	40#钢	尺寸规格	100 mm×100 mm×600 mm
热处理状态	正火	检测部位	外壁表面	被检表面要求	不允许有油污及铁锈等
检测时机	机加后	检测设备	CEW—3000 和线圈	标准试片(块)	A1:30/100,E 型标准试块
检测方法	非荧光磁粉、湿法、连续法	光线及检测环境	可见光照度≥1 000 lx	缺陷记录方式	照相、贴印或临摹草图

续表

<table>
<tr><td>产品(或工件)名称</td><td>空心正方形锻件</td><td>材料牌号</td><td>40#钢</td><td>尺寸规格</td><td>100 mm×100 mm×600 mm</td></tr>
<tr><td>磁化方法</td><td>轴向通电法
线圈法</td><td>电流种类
磁化规范</td><td>AC
周向磁化 I=1 150 A
纵向磁化 N=5，
I=860 A</td><td>磁粉、载液及磁悬液沉淀浓度</td><td>HK-1 黑磁粉+水载液
1.2 ml/100 ml～2.4 ml/100 ml</td></tr>
<tr><td>磁悬液施加方法</td><td>浇或喷磁悬液</td><td>检测方法标准</td><td>NB/T 47013.4—2015</td><td>质量验收等级</td><td>Ⅲ级</td></tr>
<tr><td>磁粉检测质量评级要求</td><td colspan="5">1. 不允许存在任何裂纹和白点。
2. 不允许任何横向缺陷显示。
3. 线性缺陷磁痕 l≤6.0 mm。
4. 圆形缺陷磁痕(评定框尺寸为 2 500 mm²，其中一条矩形边长最大为 150 mm)长径 d≤6.0 mm，且在评定框内不大于 4 个。</td></tr>
<tr><td colspan="3">磁化方法示意草图：
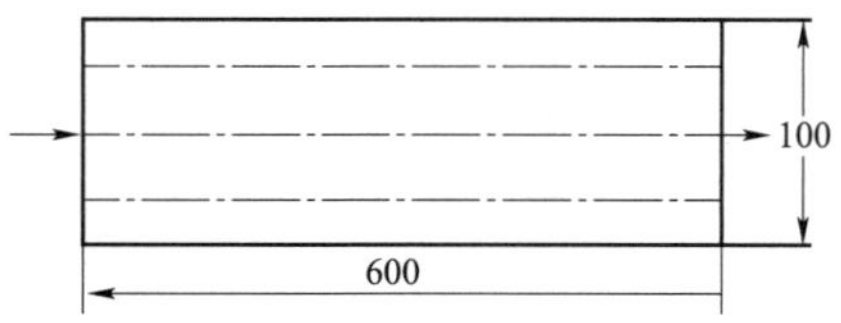
</td><td colspan="3">磁化方法附加说明：
(1) 先周向磁化，后纵向分两段磁化。
(2) 用轴向通电法磁化。
截面最大尺寸=141 mm
$I=8D=8\times141=1\ 128$ A≈1 150 A
(3) 纵向分两段磁化。
∵$Y=S$线圈截面/S工件截面≈3
$D_{eff}=2\sqrt{\frac{A_t-A_h}{\pi}}\approx 90$ mm
$L/D_{eff}=600/90=6.6\quad N=5$
∴用中充填因数公式计算，I= 860 A
(4) 退磁后 B_r≤0.3 mT</td></tr>
</table>

<table>
<tr><td rowspan="2">编制</td><td>MT Ⅱ级(或Ⅲ级)</td><td rowspan="2">审核</td><td>NDT 责任工程师</td><td rowspan="2">批准</td><td>单位技术负责人</td></tr>
<tr><td>年　月　日</td><td>年　月　日</td><td>年　月　日</td></tr>
</table>

表 6-8　承压设备磁粉检测操作要求及主要工艺参数

<table>
<tr><th>工序号</th><th colspan="2">工序名称</th><th>操作要求及主要工艺参数</th></tr>
<tr><td>1</td><td colspan="2">预清理</td><td>清除工件表面油脂或其他吸附磁粉的物质；
被检工件表面粗糙度 R_a≤2.5 μm。</td></tr>
<tr><td rowspan="3">2</td><td rowspan="3">磁化</td><td>设备选择</td><td>CEW—3000，ϕ 200×250mm 刚性开闭线圈</td></tr>
<tr><td>磁化方法</td><td>轴向通电法、线圈法</td></tr>
<tr><td>磁化顺序</td><td>(1)先用轴向通电法磁化检测纵向缺陷；
(2) 后用线圈法磁化，检测横向缺陷，移动线圈分两段磁化；</td></tr>
<tr><td rowspan="2">3</td><td rowspan="2">磁化</td><td>磁化次数</td><td>周向磁化一次，纵向分两段磁化，即可覆盖被检区域</td></tr>
<tr><td>试片(块)校核</td><td>先用 E 型标准试块校验设备的综合灵敏度。磁化规范最终以 A1：30/100 标准试片确定。</td></tr>
</table>

续表

<table>
<tr><th>工序号</th><th colspan="2">工序名称</th><th>操作要求及主要工艺参数</th></tr>
<tr><td>4</td><td colspan="2">施加磁悬液施加方式</td><td>喷或浇洒均可</td></tr>
<tr><td>5</td><td colspan="2">检测时机</td><td>检测在磁痕形成后立即进行。</td></tr>
<tr><td rowspan="5">6</td><td rowspan="5">磁痕观察与记录</td><td>光　线</td><td>可见光照度≥1 000 lx</td></tr>
<tr><td>观察方式</td><td>必要时可采用 2～10 倍放大镜观察磁痕。</td></tr>
<tr><td>磁痕记录内容</td><td>记录缺陷性质、形状、尺寸及部位。</td></tr>
<tr><td>磁痕记录方式</td><td>采用照相、贴印或临摹草图等方法。</td></tr>
<tr><td>超标缺陷处理</td><td>发现超标缺陷清除至肉眼不可见，再采用磁粉检测复验，直至缺陷清除。</td></tr>
<tr><td>7</td><td colspan="2">缺陷评级</td><td>确认是相关显示，按 NB/T 47013.4—2015 标准第 9 条缺陷评级</td></tr>
<tr><td>8</td><td colspan="2">退　磁</td><td>用线圈通过法退磁，退磁后使工件表面 $B_r \leqslant 0.3$ mT</td></tr>
<tr><td>9</td><td colspan="2">后处理</td><td>清除残余磁数或磁悬液</td></tr>
<tr><td>10</td><td colspan="2">检测报告</td><td>按 NB/T 47013.4—2015 标准第 11 条签发磁粉检测报告</td></tr>
</table>

<table>
<tr><td rowspan="2">编制</td><td>MTⅡ级(或Ⅲ级)</td><td rowspan="2">审核</td><td>NDT 责任工程师</td><td rowspan="2">审批</td><td>单位技术负责人</td></tr>
<tr><td>年　月　日</td><td>年　月　日</td><td>年　月　日</td></tr>
</table>

思考题

1. 什么是工艺规程？请简述工艺规程各组成部分的具体内容。
2. 工艺卡包含哪些内容？
3. 检测报告包含哪些内容？

第七章　磁粉检测新技术、新知识和新工艺

近十年来，专用及半自动化磁粉探伤机发展迅速，数十个种类产品已面市，如螺栓磁粉探伤机、管端荧光磁粉探伤机、齿轮磁粉探伤机和轴颈磁粉探伤机等，满足了特定工件大批量生产时的半自动化检测需求。

此外，我国还发展了数十种移动式和便携式磁轭探伤装置，以满足外场检测及大型工件的局部检测需求。

我国研制的高灵敏度荧光磁粉、油基载液以及缺陷显示膜等具有国际先进水平。自行研制的特斯拉计(CT，HT102 及 TYU—2000H)、JXC 袖珍式磁强计、ST 白光照度计、UV-A 辐射照度计、磁粉性能测定装置、标准试片(A，C，D 型)和标准试块(B，E 型)等辅助器材的性能与国外同类产品的水平相当。

近几年磁粉检测设备的发展，主要得益于以下技术的进步。

(1) 主电路的改进　随着大功率可控整流元件(简称可控硅)和大功率晶体管模块的性能越来越完善，磁粉检测设备的主电路由过去的调压器无级调压法发展到可控无级调压法。目前的磁粉检测设备大部分采用可控硅无级调压主电路，根据磁化电流性质的不同，主电路形式也不一样，主要有单相交流无级调压、多相交流无级调压、单相半波可控整流、单相全波可控整流及带平衡电抗器的双反星形三相全波整流主电路等。通过对主电路的精确控制，使设备的剩磁稳定性、退磁效果和快速断电等特性均有了较大的提高。

(2) 控制电路的发展　控制电路的发展经历了模拟电路→数字电路→超大规模集成电路的过程。尤其是计算机技术的成功应用，使磁粉检测设备有了长足的进步。在触发控制方面，由过去的开环控制逐步发展到采用计算机技术实现闭环控制，控制精度和响应速度达到国际先进水平。设备可根据所要求的规范(宽松规范、标准规范和严格规范)和零件的相关特征参数，自动给出磁化参数和磁化工艺，并精确控制磁化过程(电流、时间等参数误差＜3%，响应速度达 60 ms)，改变了过去由人工计算磁化参数并进行现场调节时易出现误差的现象，为智能化检测的发展奠定了良好的基础。

随着工业可编程顺序控制器(简称 PLC)和触摸式工业人机界面(简称 HMI 或触摸屏)在磁粉检测设备上的成功应用，设备自动化程度有了较大的提高，目前的磁粉检测设备已能实现从上料→喷淋磁化→零件缺陷自动识别→后处理等全部工艺过程的自动控制，并具备磁悬液浓度和紫外线强度等的实时监控功能，大大地提高了系统的检测效率和可靠性。

思考题

1. 简述近几年磁粉检测设备发展主要得益于哪些技术的进步。

第二部分　磁粉检测操作技能

学习目标：

初级工：掌握磁悬液配制及对接焊缝的磁粉检测过程，熟悉记录要求和标准，熟悉退磁要求和操作，熟悉设备拆除和现场后处理工作。

中级工：掌握磁悬液配制及对接焊缝、机加工零部件的磁粉检测过程，掌握记录要求和标准，熟悉退磁要求和操作，熟悉设备拆除和现场后处理工作。

高级工：掌握磁悬液配制及对接焊缝、机加工零部件的磁粉检测过程，掌握记录要求和标准，熟悉验收标准及检测报告的编写，掌握退磁要求和操作，掌握设备拆除和现场后处理工作。

技师：掌握记录要求和标准，掌握验收标准及检测报告的编写，掌握退磁要求和操作，掌握设备拆除和现场后处理工作。

高级技师：掌握磁悬液配制及对接焊缝、机加工零部件的磁粉检测过程，掌握记录要求和标准，掌握验收标准及检测报告的编写，掌握退磁要求和操作，掌握设备拆除和现场后处理工作。

第八章　对接焊缝磁粉检测操作技能

第一节　概　述

本章介绍了磁粉检测实践操作具体要求和操作流程。主要包括检测设备准备、磁悬液的配置和对接焊缝的磁粉检测工艺及流程。

（1）检测前应准备 NB/T 47013.4—2015 标准、检测程序或工艺卡、交流电轭磁粉探伤仪、A1：30/100 标准试片、提升力试块、反差增强计、照度计、黑磁膏等工器具。

（2）核实试件编号、测量试件规格、进行提升力试验、配制磁悬液、测量白光照度、用 A1：30/100 标准试片进行灵敏度试验、检测操作、观察、记录与评定、退磁、后处理。

第二节　操作技能

检测前应将焊缝划分为若干个受检段，做出标记，每个受检段的长度应比两极之间的距离小 10～20 mm，电磁轭之间的最佳距离为 100～150 mm。检测时应特别注意检测区域、检测次数、磁轭放置等技术环节。

一、准备工作

(1) 核实被检对象编号及标识。
(2) 测量被检试件的规格。
(3) 清除试件表面的油脂或其他可能黏附磁粉的物质(根据需要喷涂反差剂)。

二、提升力试验

测试磁轭提升力(对于交流磁轭提升力应满足大于等于 44 N),如图 8-1 所示。

图 8-1　提升力测试

三、配制磁悬液

按所选用的磁膏说明书配制磁悬液,见图 8-2。
(1) 用量杯取水。
(2) 将磁膏挤出(可直接将磁膏挤在直尺上)。
(3) 将磁膏放入盛有水的量杯中进行搅拌直至磁膏完全稀释成为磁悬液。
(4) 将磁悬液倒入喷壶中备用。

图 8-2　磁悬液配制

四、测量照度

测量检测现场照度是否满足照度要求，照度的测量方法见图 8-3。

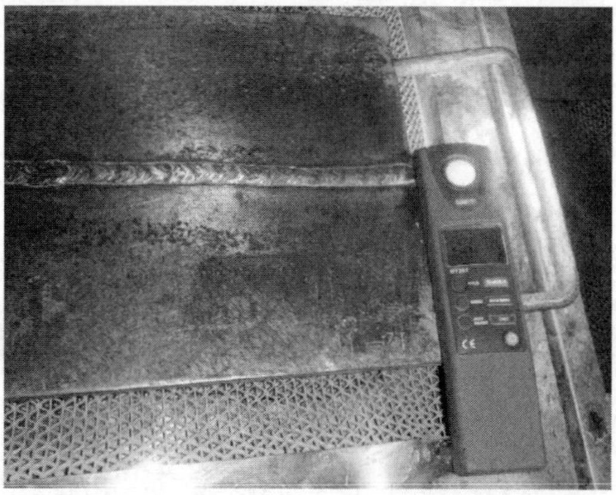

图 8-3 照度测量图

五、灵敏度试验

(1) 确认试件上的反差增强剂已干燥。

(2) 将 A1 型标准试片(通常选用 A1-30/100 标准试片)放置在受检部位(有刻槽面朝向试件)。

(3) 将磁轭放置在标准试片两侧(如图 8-4a)所示)。

(4) 若标准试片如图 8-4b)所示，则说明磁悬液配制浓度合适，磁化工艺正确。可进行下一步的试件检测工作。

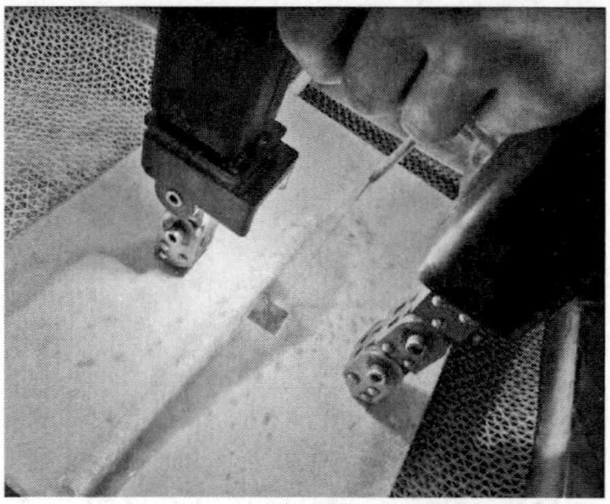

a) 灵敏度试验

b) 标准试片上的磁痕显示

图 8-4 灵敏度试验及效果

六、检测操作

清理被检工件表面、施加反差增强计、用磁悬液润湿工件、进行两个相互垂直方向磁化的同时施加磁悬液、每次磁化时间为 1～3 s、磁极与工件接触良好、注意不要把已经形成的磁痕冲掉。

对平板对接焊缝试件实施磁粉检测时,建议采取交叉斜跨焊缝上成 45°方式进行(此法方便检出纵向及横向缺陷)。

七、观察、记录与评定

(1) 磁化的同时对工件进行观察、观察时工件被检表面可见光照度应大于或等于 1 000 lx;现场检测时,由于条件所限可见光照度应不低于 500 lx。注意区分相关显示和非相关显示。

(2) 按 NB/T 47013.4—2015 对相关显示进行评定(高级工、技师、高级技师)、填写记录表格。

(3) 对相关显示进行记录、绘制草图。

八、退磁

对接焊缝可不进行退磁。

九、后处理

清除被检工件表面多余的磁悬液和反差增强剂、清理现场、磁粉检测设备与器材归位、试件归还。

第三节　记录与报告

一、记录要求

磁粉检测记录一般包括操作基本条件、缺陷示意图和缺陷显示记录等几个部分。

1. 操作基本条件

通常包括工件基本情况、磁粉检测系统基本情况、检测及验收标准等。

(1) 工件基本情况包括:试件名称/编号、试件材料、试件规格、表面状态等。

(2) 磁粉检测系统基本情况包括:仪器型号/编号、磁粉类型、颜色、载液、磁悬液浓度、磁化方向、电流类型、磁轭间距、标准试块、磁化时间、磁粉施加方式、照度、反差剂等。

(3) 检测及验收标准包括:采用的检测标准、验收标准。

2. 缺陷显示记录

缺陷显示记录主要记录显示编号、显示位置、显示数量、性质、尺寸、检测结论、日期等。

二、验收标准

NB/T 47013.4—2015 的质量分级规定:

(1) 不允许任何裂纹显示。

(2) 焊接接头的质量分级按表 8-1 进行。

表 8-1 焊接接头的质量分级

等级	线性缺陷磁痕	圆形缺陷磁痕(评定框尺寸为 35 mm×100 mm)
Ⅰ	$l \leqslant 1.5$	$d \leqslant 2.0$,且在评定框内不大于 1 个
Ⅱ	大于Ⅰ级	

注:l 表示线性缺陷磁痕长度,单位为 mm;d 表示圆形缺陷磁痕长径,单位为 mm。

三、检测报告

检测报告是关于检测结论的正式文件,应根据委托检测单位要求作出,并由检测责任人员等签字。检测报告可按有关要求制定。一般应包括以下内容:

(1) 委托单位、被检工件名称和编号;

(2) 报告编号;

(3) 检测技术要求:执行标准和合格级别;

(4) 检测对象:承压设备类别,检测对象的名称、编号、规格尺寸、材质和热处理状态、检测部位和检测比例、检测时的表面状态、检测时机;

(5) 检测设备和器材:名称、规格型号和编号;

(6) 检测工艺参数;检测部位示意图;

(7) 检测结果、检测结论、质量等级评定;

(8) 编制者(级别)和审核者(级别);

(9) 编制日期;

(10) 报告签发及日期。

第九章 机加工零部件磁粉检测操作技能

第一节 概 述

本章介绍了磁粉检测实践操作具体要求和操作流程。主要包括检测设备准备、磁悬液的配置和机加工零部件的磁粉检测工艺及流程。

(1) 检测前应准备 NB/T 47013.4—2015 标准、检测程序或工艺卡、固定式磁粉探伤仪、A1:30/100 标准试片、提升力试块、反差增强计、照度计、磁强仪、黑磁膏等工器具。

(2) 测量被检零件的规格(外径、长度等)。

(3) 根据零件规格分别计算周向和纵向磁化规范。

(4) 进行周向和纵向灵敏度试验时标准试片上出现清晰的磁痕。

(5) 退磁应能满足检测程序或工艺卡的退磁要求。

第二节 操作技能

一、准备工作

(1) 核实检查对象标识。

(2) 测量被检试件的规格,如图 9-1、图 9-2 所示。

图 9-1 试件长度测量

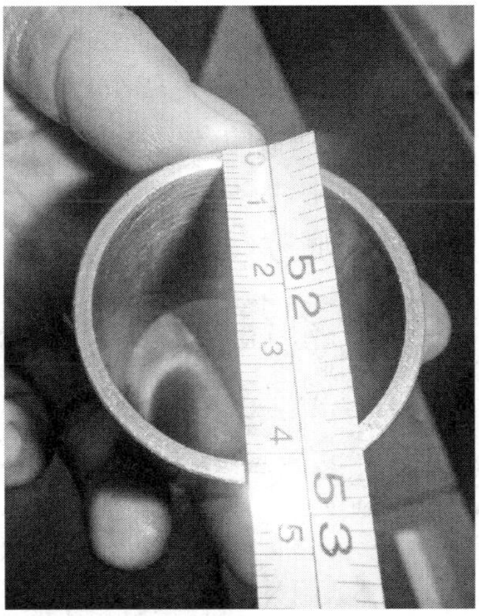

图 9-2 试件直径测量

(3) 清除试件表面的油脂或其他可能黏附磁粉的物质(根据需要喷涂反差剂)。

二、检测操作

(1) 测量机床探伤夹持位置处照度,如图 9-3 所示。

图 9-3　照度测量

(2) 将被检对象夹紧。

(3) 确定周向磁化电流:根据连续法电流计算公式 $I=8D\sim15D$(具体根据固定式磁粉机床型号不同,磁化电流计算可能有差别)。

(4) 打开电源。

(5) 按下液泵开关(电源绿色指示灯亮),此时液泵开始工作(将磁悬液控制油枪手柄压下,磁悬液应从油枪口喷出)。

(6) 周向磁化

1) 周向磁化处于接通状态且试件与两探头间接触良好(试件已被夹紧)的情况下,将标准试片有刻槽的一面贴在被检工件上,开始磁化。此时周向磁化交流电流表应有具体的数值指示并且标准试片上应有清晰地磁痕显示,如图 9-4、图 9-5 所示。

2) 如果电流表指示的电流值与实际所需的磁化电流值不符且标准试片不能显示磁痕,可再次调节直至达到所需的磁化电流。

3) 试件周向磁化。

4) 观察纵向磁痕并记录

图 9-4　周向磁化灵敏度测试

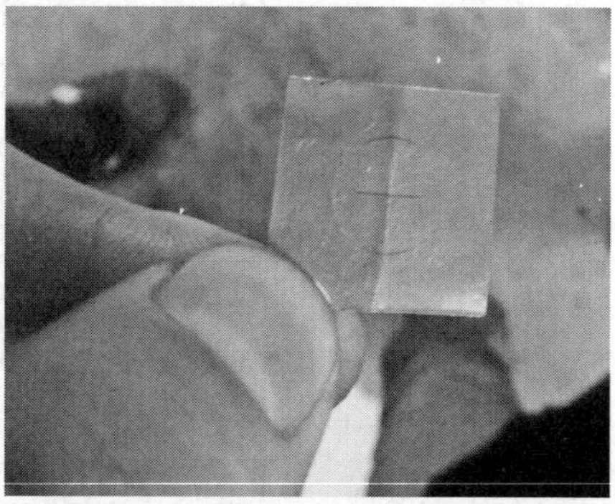

图 9-5　试片磁痕

（7）纵向磁化

1）纵向磁化处于接通状态且试件与两探头间接触良好(试件已被夹紧)的情况下，将标准试片有刻槽的一面贴在被检工件上，开始磁化。此时纵向磁化交流电流表应有具体的数值指示并且标准试片上应有清晰地磁痕显示，如图9-6、图9-7所示。

2）如果电流表指示的电流值与实际所需的磁化电流值不符，或标准试片不能显示磁痕，可再次调节直至达到所需的磁化电流。

3）试件纵向磁化。

4）观察周向磁痕并记录。

5）清理恢复工作现场、试件归还（试件归还前应进行退磁处理）。

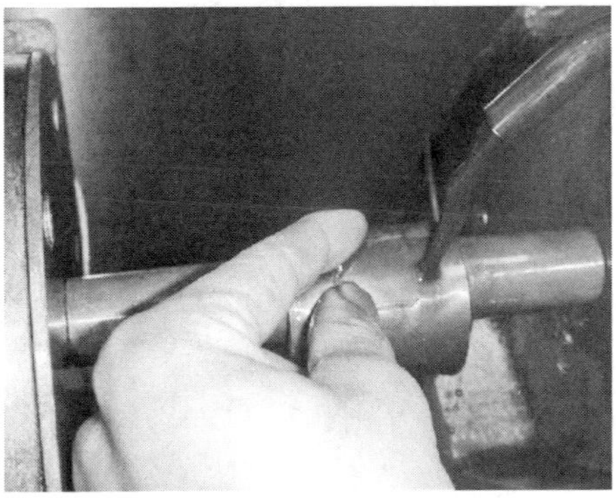

图9-6　纵向磁化灵敏度测试

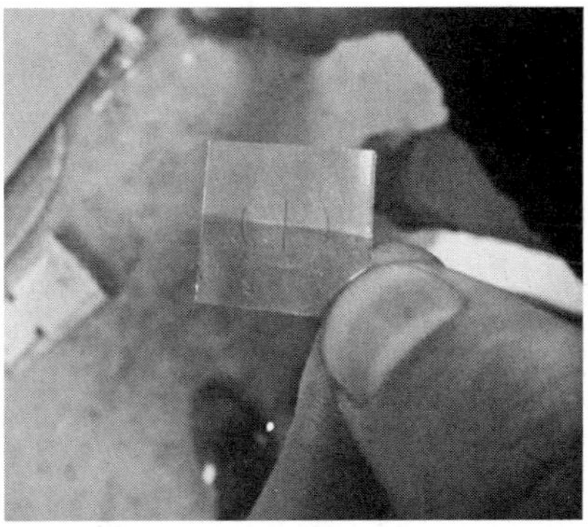

图9-7　试片磁痕

三、退磁

退磁方法可根据探伤工件的不同情况进行选择。通常情况下，退磁场方向与磁化方向一致。退磁可选用直流退磁亦可选用交直流退磁。

（1）将检测后的工件夹持牢固。

（2）调节退磁变极频率至中间位置。

（3）按下退磁按钮进行退磁。

（4）退磁后应进行剩磁测量。

（5）当测得剩磁大于等于0.3 mT时，应按上述退磁步骤重新进行退磁。

（6）当测得剩磁小于0.3 mT时，退磁完成。

第三节　记录与报告

一、记录要求

磁粉检测记录一般包括操作基本条件、缺陷示意图和缺陷显示记录等几个部分。

1. 操作基本条件

通常包括工件基本情况、磁粉检测系统基本情况、检测及验收标准等。

(1) 工件基本情况包括:试件名称/编号、试件材料、试件规格、表面状态等。

(2) 磁粉检测系统基本情况包括:仪器型号/编号、磁粉类型、颜色、载液、磁悬液浓度、磁化方向、电流类型、磁轭间距、标准试块、磁化时间、磁粉施加方式、照度、反差剂等。

(3) 检测及验收标准包括:采用的检测标准、验收标准和验收等级。

2. 缺陷示意图

缺陷示意图如图 9-8 所示。

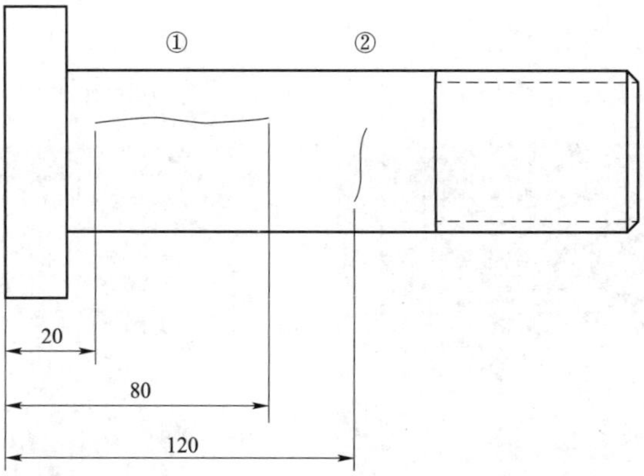

图 9-8 缺陷示意图

3. 缺陷显示记录

缺陷显示记录主要记录显示编号、显示位置、显示数量、性质、尺寸、检测结论、日期等。

二、验收标准

NB/T 47013.4—2015 的质量分级规定

(1) 紧固件和轴类零件不允许任何横向缺陷显示。

(2) 质量分级按表 9-1 进行。

表 9-1 其他部件的质量分级

等级	线性缺陷磁痕	圆形缺陷磁痕(评定框尺寸为 2 500 mm^2 其中一条矩形边长最大为 150 mm)
Ⅰ	不允许	$d \leqslant 2.0$,且在评定框内不大于 1 个
Ⅱ	$l \leqslant 4.0$	$d \leqslant 4.0$,且在评定框内不大于 2 个
Ⅲ	$l \leqslant 6.0$	$d \leqslant 6.0$,且在评定框内不大于 4 个
Ⅳ		

注:l 表示线性缺陷磁痕长度,单位为 mm;d 表示圆形缺陷磁痕长径,单位为 mm。

三、检测报告

检测报告是关于检测结论的正式文件,应根据委托检测单位要求作出,并由检测责任人员等签字。检测报告可按有关要求制定。一般应包括以下内容:

（1）委托单位、被检工件名称和编号；

（2）报告编号；

（3）检测技术要求：执行标准和合格级别；

（4）检测对象：承压设备类别，检测对象的名称、编号、规格尺寸、材质和热处理状态、检测部位和检测比例、检测时的表面状态、检测时机；

（5）检测设备和器材：名称、规格型号和编号；

（6）检测工艺参数；检测部位示意图；

（7）检测结果、检测结论、质量等级评定；

（8）编制者（级别）和审核者（级别）；

（9）编制日期；

（10）报告签发及日期。

参考文献

[1] 磁粉检测.NDT全国特种设备无损检测人员资格考核统编教材 [M]. 2版. 北京:中国劳动社会保障出版社,2007.

[2] 民用核安全设备磁粉检验技术(试用本2) [R]. 2012.

[3] 全国锅炉压力容器标准化技术委员会. 承压设备无损检测 NB/T 47013—2015 [S]. 北京:新华出版社,2015.

[4] 压水堆核岛机械设备设计和建造规则:RCC-M(2000版)[S].

[5] 核电厂核岛机械设备在役检查规则:RSE-M(1997版)[S].